BLUEPRINT FOR IMMORTALITY
The Electric Patterns of Life

新版

生命場《ライフ・フィールド》の科学

みえざる生命の鋳型の発見

Harold Saxton Burr, Ph.D.
ハロルド・サクストン・バー［著］
神保圭志［訳］

日本教文社

著者：ハロルド・サクストン・バー、 Ph.D.
（アルツィバシェフ画、イエール大学アートギャラリー蔵）

序

私たちのいる宇宙。私たちと密接不可分の関係にあるこの宇宙は「法則」と「秩序」の場なのです。それは偶然に生じたものではなく、混沌でもありません。宇宙は、すべての荷電粒子の位置と動きを決定できる「動電場（エレクトロ・ダイナミック・フィールド）」によって組織され、維持されているのです。

ほぼ半世紀の間、この仮説の論理的帰結が厳密に管理された実験にゆだねられてきましたが、否定する結果には、いちども出会っていないのです。

H・S・バー

新版

生命場《ライフ・フィールド》の科学❖目次

序

第1部……発見の旅……3

第1章　科学の冒険　5

1　はじめに　5
2　生命の鋳型　7
3　Lフィールドの測定法　10
4　Lフィールドの応用　12
5　心の状態とLフィールド　15
6　生物のLフィールド　17

7　法則と秩序の場である宇宙　18
8　科学的方法の意義　21

第2章　進路とコンパス　26

1　旅の目標　26
2　場とは何か　27
3　生命の動電場仮説　34
4　動電場仮説が提起する問題点　38
5　動電場測定の技術と用具　40
6　すべてを支配する「場」　50

第3章　女性の生命場　52

1　生物システムの電圧勾配　52
2　人体の電圧勾配　55
3　排卵時期と電圧勾配　58

4 月経と電気的変化 60
5 子宮がんと電圧勾配 63
6 動物実験による確認 66
7 悪性腫瘍全般への応用 68

第4章 さまざまな生命場 74

1 両生類での実験 74
2 サンショウウオを使った研究 76
3 生命活動を方向づける電圧勾配 80
4 生物の一生と電位変化 84
5 遺伝と電気パターンの関連 85
6 ミモザによる研究 88
7 原形質と動電場 92

第5章 動電場という道しるべ 98

1 外傷の治療への応用 98

2 モルモットの傷の治癒と電位変化 101
3 人間の傷の治癒と電位変化 103
4 精神病患者の測定 104
5 情緒不安定の早期発見への応用 108
6 神経系のLフィールド 110
7 人間行動と動電場 114

第6章 宇宙に向けたアンテナ 119

1 生物と電気的環境 119
2 木の長期観測 120
3 電位変化の周期性 123
4 季節・月齢・日周リズムなどとの関連 125
5 宇宙に反応する生物 127
6 生命の本質の手掛かり 130
7 生命を方向づける力 132

第7章　冒険は続く　136

1　生成流転する宇宙　136
2　宇宙デザインの一部としてのLフィールド　139
3　人工の法と宇宙の法則　142
4　社会現象と地球外の力　146
5　個性的存在としての人間　149
6　人間の個性とLフィールド　153
7　新大陸としてのLフィールド　155
8　神経系を方向づける生命場　159
9　ただひとりの「設計者」　161
10　終わりなき旅　164

第2部……専門家による生命場測定の試み……169

1・子宮がんの電気測定――医学博士　ルイス・ラングマン　171

2・精神状態の電磁場測定――医学博士、ヴァージニア州保健局顧問
レナード・J・ラヴィッツ　189
3・環境が植物電位に及ぼす影響――ラルフ・マークソン　204

新版への訳者あとがき　225

付録　ハロルド・サクストン・バーの論文目録　*i*

新版

生命場《ライフ・フィールド》の科学——みえざる生命の鋳型の発見

Blueprint for Immortality:
The Electric Patterns of Life

第1部——発見の旅

Voyage of Discovery

第1章❖科学の冒険

1　はじめに

われわれは、問題の多い苦難の時代に生きている。戦争と、戦争の脅威が存在し、世界の多くの地域では対立や暴動、犯罪や無法が絶えない。そのうえ、核の脅威という「ダモクレスの剣」がいつも吊り下げられているのである。

生命には、はたして意味や目的があるのだろうかと絶望的に問いつめる人が、ますます多くなっている。人間は偶然の産物であり、無慈悲で理不尽な宇宙の中のつまらぬ惑星の上で孤独な運命にしばられている存在なのだ、と考えたがる人も多い。

今のような唯物論的な科学の時代においては、今日《こんにち》同様に困難で危険な時代に生きた先祖たちが心の支えとした宗教的信仰を受け入れるのはむずかしい、と多くの人は考える。そういう彼らも人類は偶然に生じたのではなく、法則と秩序と目的のある宇宙に生きていると信じたいと思っている。しかし、科学の手法と科学の勝利に眩惑されているために、何らかの「科学的」証明や証拠がないと何も信じられなくなってしまったのである。

およそ四十年ほど前までは電子機器や電子技術が未発達だったので、こうした要請に応えることはできなかった。しかし、条件が整ったことで、人間の本質および宇宙における位置づけについて、まったく新しいアプローチが可能になった。というのは人間、いや、あらゆる生物が、正確に測定し、図にあらわすこともできる「動電場」（エレクトロ・ダイナミック・フィールド）の指令と統御のもとにあることを、これらの機器が明らかにしたからである。

この「生命場《ライフ・フィールド》」は、ほとんど信じられないほど複雑なものではあるが、現代の物理学で知られている、もっとシンプルな場と同様の性質をもち、同じ法則にしたがっている。物理学的な場のように生命場も宇宙の構造の一部であり、宇宙空間の巨大な力の影響を受ける。そして何千という実験の結果、物理学的な場のように組織化と誘導を行なう性質をもっていることもわかった。組織化と誘導は偶然とは相容れないものであり、そこには目的があることを意味している。だから、生命場は人間が偶然の産物でないという電子工学的証拠なのである。それどころか、人間は宇宙の不可欠の一部であり、その巨大な力をもつ場の中に組み込まれ、その不変の法則に支配され、目的と運命を同じくする存在なのである。

本書は、科学における、ある冒険の記録である。それは長い、地道な探求であり、今日の多くの人が待望している疑問に対して、大自然からようやくにして得た答えなのである。

2　生命の鋳型

動電場は目にみえず、触れることもできないので、想像するのはむずかしい。そこで、この生命場——これから「Lフィールド」と呼ぶことにしよう——は、どういう働きをして、なぜそんなに重要なのかをわかっていただくために、身近な例を使って解説しよう。

ハイスクールで科学の授業を受けた人なら、磁石の上に紙を置き、その上に鉄粉をまくと、鉄粉はひとりでに磁場の「磁力線」のパターンを描き出したことを覚えているだろう。鉄粉を入れ替えて別の鉄粉をまいても、まったく同じパターンが再び出現する。

これよりはるかに複雑ではあるが、よく似たことが人体の中でも起こっているのだ。体内では分子や細胞がたえまなく破壊される一方で、食物から供給される新たな物質によって再生されている。しかし、Lフィールドが統御しているおかげで、新たな分子や細胞が従来どおり再生され、以前と同じパターンに配列されるのである。

成分に「荷札《タグ》」をつける最近の研究によってわかったのは、われわれの体や脳の物質は従来知られていたよりずっと早く入れ替わっているということである。たとえば、体内のすべてのタンパク質は六カ月ごとに入れ替わっており、肝臓などの組織では、それがもっと早いという。半年前に会った友人と再会したとすると、彼の顔の分子はそっくり入れ替わってしまっているというわけだ。しかし、彼のLフィールドが統御しているおかげで、新しい分子たちが元の場所に収まり、彼の顔だと認識できるのである。

　現代の測定器が生体を統御するLフィールドの存在を発見するまで、生物学者たちは、たえまない新陳代謝と物質交代の中で、生体がどうやって「形態を保って」いられるのか説明に困っていた。今や、その秘密は解かれた。いかに物質が入れ替わろうとも、体の動電場が、「形態」や供給された物質の配置を保つ母胎《マトリックス》または鋳型《モールド》としてはたらいているのである。

　ゼリーをつくるとき、ゼリーを流し込む型をみるだけで、どんなものができあがるのかがわかる。これと同様に、初期の段階でLフィールドを観察すれば、それが将来どのような「形態」または配列をかたちづくるのかわかるのである。たとえば、カエルの卵のLフィールドは形態形成を決定する母胎《マトリックス》であり、Lフィールドを電気的に調べれば、将来神経系が生じる場所などを知ることができる（七四〜七五ページ参照）。

　Lフィールドを観察するためには、手短に言うと、特殊な電圧計と電極を用いる。これによってLフィールドのさまざまな場所の電位差または電位勾配を測定することができる。

　料理の話に戻ろう。くたびれたゼリーの型を使う場合なら、ゼリーに何らかのでこぼこができることが、あらかじめ予想される。これと同様に、くたびれたLフィールドの場合、異常な電圧パターンとしてあらわれ、ときには体の異変を前もって警告することが可能になる。

たとえば、卵巣の悪性腫瘍などは、いかなる臨床的兆候が観察されるより以前にLフィールド測定によって発見されてきている。だから、がんの早期発見にも役立ち、治療を成功させるチャンスがそれだけ増えるわけである（第3章5〔六三〜六六ページ〕および第2部1のラングマン博士の論文「子宮がんの電気測定」〔一七一ページ〕参照）。

大自然は無限に多様な動電気の「ゼリーの型」を内包しており、それによって、この惑星上の数え切れない種類の生命形態を形成している。Lフィールドは人類だけでなく、動植物、種子、卵、それに粘菌のような、もっとも下等な生命においても計測されている。

樹木は動かず、寿命が長く、長期間電極を付けっぱなしにできるので、Lフィールドについて他の生物では得がたい情報がとれる。コネティカット州で、ニューヘヴンにあるカエデの木とオールドライムにあるニレの木に長年にわたって電圧計を装着して記録をとったことがある。人間の男女では、こんなことはもちろんできっこない。

その結果、樹木のLフィールドは、昼夜のサイクルだけでなく、月や磁気嵐や太陽黒点の周期に伴って変動していることがわかった（第6章2〔一二〇〜一二三ページ〕および第2部3のマークソン氏の論文「環境が植物電位に及ぼす影響」〔二〇四ページ〕参照）。

このように地球外の力が比較的シンプルな樹木のLフィールドに影響を及ぼすのなら、より複雑な人間のLフィールドはもっと大きく影響されるにちがいないと当然考えられる。事実、そういう証拠があるのだ。

コネティカット州のたくましい樹木たちのおかげで、哲学者たちが何世紀にもわたって議論し、現代人の多くも切望している問いに対する答えを解く鍵がここに得られた。この惑星の生命は宇宙と無関係なのではなく、その一部なのであり、広大な空間の彼方から及ぶ抗しがたい宇宙の力に敏感に反応していることがわかったのだ。

3　Lフィールドの測定法

Lフィールドは、生体の表面または表面近くの二点間の電位差を測定することによって検出し、計測される。人間の男女の場合、電極のひとつを前頭部、もうひとつは胸または手に装着する。食塩水を入れた容器に浸したそれぞれの人差し指に電圧計をつなぐやり方もある。特殊なケースでは、体の特定の器官か部位に電極を当てる測定法もある。

樹木の場合では、形成層に約二フィート間隔で塩のブリッジ〔電極ペースト〕を介して電極を接続した。

これらの電圧測定は心電図や脳波のような交流電流とは無縁のものだ。ここで測定しているのは、きわめて微量な直流が積み重なった純粋の電位である。それが、測定にほとんど電流を必要としない真空管電圧計が開発されるまでLフィールドが検出できなかった理由なのだ。ふつうの電圧計では針を振らすためにかなり電流を必要とするので、Lフィールドの電位を消費してしまい、計測値はとうてい使いものにならない。

英国のサー・ジョン・フレミングが真空中の熱した電線から電子が流れ出すのを発見し、米国のリー・デフォレストがグリッド（格子）を用いる熱電子の応用法を発見した当時、彼らの発見から生まれた真空管が生命の神秘への新たなアプローチを可能にするとは、当人たちも想像だにしなかったにちがいない。そして、真空管電圧計が信頼性を獲得するためには、真空管の完成に長い年月を要したのだった。

約四十年ほど前、筆者が研究を始めたころは測定器の開発に三年を費やした。今日では、高感度で信頼できる真空管電圧計が市販され、たいていの研究所や工場に備えられている。

さて、Lフィールドの電圧測定に必要な機器については、特別、秘密めいたものなどない。しかし、その測定については、車やラジオのバッテリーの電圧を測るよりむずかしい。特殊な電極を使う必要があるし、第2章で概説する測定法をきちんと守らないと、うまくいかない。しかし、医師や医療助手向けのLフィールドの電圧測定とデータ解読法の訓練は、心電図や脳波の場合よりむずかしいというわけではない。

医療現場でLフィールド解読がひろく行なわれるには、まだしばらく時間がかかるかもしれない。診療所などで心電図を活用できるまで技術が完成するのに三十年以上もかかったのだから。

4　Lフィールドの応用

Lフィールドを医師が利用するようになるまで相当時間がかかるというのは、技術的理由からではない。現代の機器は信頼できるし、理解力のある人なら集中的な訓練を受ければ、Lフィールドの記録をとり、解読する技術を短期間に習得することが可能である。Lフィールドは、医師や心理療法家のほかにも、さまざまな分野で有用なので、ぜひ多くの人に学んでもらいたいと思う。

人の命には目的があり、それゆえ人間は宇宙と無関係ではないという論議は別にしても、この科学の冒険から、すぐに役立つ実用的な結果を得ることが実際に可能なのであり、この冒険はやるだけの価値があったどころか、それ以上のものになったのである。

先にも述べたが、Lフィールド電圧の異常は、将来起こる病気の前触れである可能性がある。Lフィールド測定は、がんの早期発見に使えるだけではない。研究が進み、Lフィールドが理解されるにしたがって、さまざまな疾患を早期に発見し、それが手遅れにならないうちに効果的な治療を行なえるようになるだろう。すでに、ある種の精神疾患の予知に応用された例もある（第2部2のラヴィッツ博士の論文「精神状態の電磁場測定」〔一八九ページ〕参照）。

電位勾配の測定によって予測できた生理現象のひとつは、女性の排卵の正確な時期である。排卵の前まで電圧上昇が持続し、卵子の排出後、急速に電圧が低下して平常値に戻るのである。

こうした測定によって、月経期間中いつでも排卵が起こる人、月経がないのに排卵が起こる人、逆に排卵のない月経というのもあることがわかった。この知識が婦人科医学、家族計画、産児制限にとって重要であることは明らかであり、産児制限に「リズム法」がどうしてうまくいかないのかを説明する手掛かりにもなる。

筆者の患者のひとりに、Lフィールドをうまく活用した既婚女性がいた。彼女と夫は子供を授かりたいと願っていたが、長年その思いはかなわなかった。そこで、彼女は何週間も筆者の研究室に通い、電圧計に接続した溶液を入れた容器に指を浸す方法で自分のLフィールドの測定を続けた。あるとき、電圧が急速に上昇するのをみて排卵がさしせまっていることを知り、彼女は夫のもとへ帰っていった。待ち望んでいた子供の誕生が、その成果である。

傷は、指先のちょっとした切り傷でさえ、Lフィールドの電圧に変化をもたらしてしまう。そして傷が癒えるにつれ電圧は正常値に戻っていく。これは、外科医が傷の治りぐあいを知る、簡単で信頼できる方法になりうるものだ。とりわけ手術後の体内の傷の場合など、大変役立つことだろう（第5章1～3〔九八～一〇四ページ〕参照）。

Lフィールド測定は体の一部分の診断に使えるだけでなく、体全体の状態の診断にも使える。というのは、いかなる電流や皮膚電気抵抗値の変動とも無関係な純粋の電位は、人の力場（フォース・フィールド）全体の状態を示すものだからである。排卵や悪性腫瘍の場合など、疾患組織から隔たった場所のLフィールド電圧の変化から、体の状態を知ることができるのだ。また、皮膚表面を超えて力場が広がっているために、皮膚に電極をじかに接触させずに少し浮かせても場の電圧を測定できることがある。このことは、測定しているのが場そのものであって、表面電位などではないことを示している。

また、目にみえる介在物がないのに空間や間隙《かんげき》を超えて効果が及ぶということは、Lフィールドが、よりシンプルな物理学的場と同じ性質をもっていることの証明でもある。

Lフィールドには体全体の状態があらわれるので、薬や睡眠や催眠の全身的効果の診断にも使うことができる。精神科医のレナード・J・ラヴィッツ・ジュニアは、電圧計を使って催眠の深さを測定しただけでなく、催眠中の強い感情が一五〜二〇ミリボルトの電圧上昇をもたらしたことを発見した（第2部2のラヴィッツ博士の論文「精神状態の電磁場測定」〔一八九ページ〕参照）。

これは、将来、精神科医が悲しみや怒りや愛の強さを、気温や騒音レベルなどと同じように簡単に測定できるようになるかもしれないという楽しい期待を抱かせる。「胸が張り裂けんばかりの思い」とか憎しみや愛を、いつの日かミリボルト単位で計測できるようになるかもしれないのだ。

病気の多くは心身相関的な原因によるので、名医は患者を身体面だけでなく、精神面や感情面も考慮に入れて、全体として診断することの大切さを知っている。仕事の悩みとか不幸な結婚などは現実に頭痛や胃潰瘍を引き起こすことがしばしばある。Lフィールドは肉体と精神の状態をあらわすので、医師は心身の両面から新たな知見を得ることができる。

地球外の力が人間のLフィールドに及ぼす影響がはっきりわかれば、それは人間の健康と行動に関する研究だけでなく、長期間の宇宙探検における医学研究にとっても重要となるだろう。宇宙の場が宇宙飛行士のＬフィールドに長期的に及ぼす影響については未知のものがあるかもしれないのだ。

5　心の状態とＬフィールド

この科学の冒険は、人の心のよりよき理解という「おみやげ」ももたらしてくれる。ラヴィッツ博士は、健康な人のＬフィールド電圧は一定ではないものの、どういうわけか何週間も安定したリズムで変化することを発見した。四三〇人の被験者に三万回を超える測定を実施して、わかったことは、これらのリズムは被験者の感情を示しているということだった。「絶好調な」ときの電圧は高く、反対に「落ち込んでいる」ときは電圧も低いのだ。

健康な人の場合、こうした電圧リズムは長期間ほとんど変わらない安定したカーブを描く。このカーブから、その人の体調のよしあしを「前もって知る」ことができるのだ。

この知見は、危険な任務に携わる人々、とくに軍隊などでは重要であろう。指揮官は、あらかじめ戦闘機パイロットの「低調期」を知ることによって、慎重さと能率が低下する時期に危険な任務につかせるのを避けることができるようになる。かりに作戦上そうすることがむずかしくても、該当者に用心を怠らぬよう注意することができる。

この知識をうまく使えば、Ｌフィールドの状態を知ることによって軍隊のみならず危険な職業においても貴重な人命や機材を無駄にせずともすむだろう。

情緒が不安定な人々は、電圧分布も一定の規則的なカーブを描かない。多くの事例では、数日以内の期間で不規則なパターンを示す。だから、軍隊においては純粋に客観的な電子工学的手段で情緒不安定な人をすばやく選別し、不向きな任務のために訓練する金と時間の無駄を省くことができる。

産業界も、この方法によって任に耐えられない人を選別して最適任な人材を登用することができるだろう。

Lフィールドの電圧には心の状態が反映されるので、精神病患者の治りぐあいを知る客観的手段としても使える。医師は、これによって公衆に危害を加える恐れのある患者を誤って退院させてしまうのを防いだり、退院させても安全な時期を見極めることができ、病院のスペースと税金の節約におおいに貢献することができる。

この種の心理テストに用いられる電圧測定は、測定者の個人差に関係なく、完璧な再現性をもっている。患者に質問する必要もないし、測定値を読み取る技師も口を開く必要さえない。

将来の医学研究施設では、今日のレントゲン写真のように、訓練された技師が電圧を測定し、その結果を、判読する資格のある医師に渡すことになるだろう。この「電圧測定士」は、レントゲン技師ほど専門化する必要はないので、医師が兼ねることが多くなるだろう。

6　生物のＬフィールド

Ｌフィールドは調べた限り、すべての生き物にみられるものなので、その潜在的有用性は医療の分野にとどまらない。

たとえば、植物のＬフィールド測定から、親の遺伝子がひとつ変わっただけでも顕著な電圧パターンの変化をきたすことが観察されてきた。この現象は動植物の遺伝子研究にとって大変重要なものであろう。

種子のＬフィールドを測定すれば、将来その種子がどれほど健全に育つのか予想が可能になる。生物の将来の生命力をあらかじめ知ることは、さまざまな分野で役に立つだろう（第４章５〈八五～八八ページ〉参照）。

生命場は支配的なものであり、あらゆる生命形態の成長と発達をつかさどっているので、医学はいつの日にか症状があらわれる前に患者を直接、電気的に治療する方法をみつけることだろう。

将来の農学者は、作物の成長を電気的に促進したり、害虫や病気に弱いＬフィールドの欠陥を除く方法をみつけるだろう。電磁輻射の一種である太陽光は、ほとんどの植物の成長に不可欠なのだが、それだけでなく、種によって「適量の」太陽光というものがあることも昔から知られていた。いつか植物のＬフィールドに有効な波長の電磁波が発見されるかもしれない。

動物も植物も、それぞれ固有のＬフィールドをもち、それによって統御されているので、人間と同じく、彼らも宇宙の不可欠な一部であり、その法則の支配を受けている。

これは、種の間の相互依存関係によってうらづけられる。植物は地球外の力である太陽光に依存し、人間や動物を養っている。そして動物は互いに養いあっている。およそ九三〇〇万マイル〔約一億五千万キロ〕彼方から来る太陽光線なしでは、みな餓死してしまうことを思えば、われわれが偉大な宇宙の力に従属しているという事実も、すんなりと受け入れられるだろう。

7　法則と秩序の場である宇宙

せっかちな読者のために、この科学の冒険の一部を要約すれば、ほんの数ページですんでしまう。だが、この冒険には長い年月を要したのだ。自然は人間のようにあくせくしないし、その秘密を容易に明かそうとしないからだ。だから自然に向かって、せっかちに答えを求めても失望させられるだけなのはまちがいない。

自然の歩みは、きわめてのろい。われわれはみなその一部であり、その法則にしたがっているので、人間の本質を即座に向上させることを期待したり、人間の問題に即答を期待する人は、ひどいフラストレーションに悩むことになるだろう。

答えを切望しながらも、科学者は自然に無理強いしてもだめなことを知っている。自然の方法にしたがい、その条件に合わせるしかないのだ。しかしこれが、政治よりも科学が問題解決に成果をあげてきた理由でもある。

この特別な科学の冒険を紹介するにあたっては、ふたつの目的がある。ひとつは人間が宇宙とつながっており、その法則にしたがっている証拠を提供すること。ふたつ目は科学的方法が自然の法則と秘密を解き明かすだろうことを例証することにある。

今日、人間がつくった法がだんだん守られなくなり、多くの人が法は破るためにあると思っているのは、もはや学問的興味の域を超えたゆゆしき事態だ。これに対し、自然法則は破ることができない。重力の法則にだれも逆らえないのが、そのいい例だ。自然法則と、いかにして科学がそれらを発見してきたかを知れば知るほど、法の必要を受け入れ、不完全ではあるが、人がつくった法が法則と秩序という宇宙の基本原理を反映していることがよくわかるようになるだろう。

「科学」という言葉の意味に関して、かなりの混乱がみられるのは不幸なことだ。辞書には「体系化された知識」とある。しかし、おそらくガリレオに始まる実験的方法は、大変な進歩を遂げてはいるが、森羅万象を説明し、分類するには不十分であることが明らかになっている。集められた全事実が示す意味を見出すという試みもまた必要なのだ。

それはすなわち、宇宙の構成要素間の関係を理解しようとすることである。実験的方法が、より多くの事実を発見するにしたがって、こうした理解もつねに発展し、変化していかねばならない。ともかく、われわれの知識が悲しいまでに不完全だということをつねに念頭に置きつつ、事実の解釈にベストを尽くすことである。

したがって科学とは、単に事実を集めたり、宇宙の物理的構成要素を説明、分類することではなく、構成要素間の関係を支配している法則または力《フォース》を考察することなのである。それには当然、基本的な前提が必要になる。すなわち、宇宙とは、人間が理解できる（望むらくは）法則と秩序の場であるということだ。

宇宙は混沌であり、法則と秩序は人の心がもたらしたものだと主張する人も多い。しかし、人の心がいかに偉大な力をもつとしても、天体の動きや地上の生命を形成する力《フォース》の本質まで左右するとは、とても思えない。

心ある人なら、銀河系から素粒子まで、つねに運動している宇宙の構成要素間の関係を定義づける力《フォース》や法則や組織がもしなかったならば、それらは一瞬たりとも存在し得ないことがわかるだろう。生命プロセスが正確で実効性のある力《フォース》によって統御されなかったら、いかなる生物も存在することができない。その秘密をできるだけ解明することが望ましいのはいうまでもない。

そこで、ここでは、宇宙が法則と秩序の場であることが観察と常識の両面から認められているということを、基本的前提とする。実験的方法が多くの成果をあげていることは、われわれが宇宙の法則について、今後ますます知識を得ることができるという期待を抱かせる。

この前提は、人間についてきわめて多くのことを暗示している。人間は宇宙の中に単に「いる」のではなくて、その一部を構成し、物質界で発見され、理解されているのと同様の生物界の法則にしたがっているということになるからだ。

そうするとたちまち、われわれは、おかしな矛盾に直面する。宇宙の法則と秩序という考えは、この地上においては権威主義的であり、自己責任において物事を処理する独自の方法を発展させる人間の自由意志を侵害するものだとして抵抗する人が多い。しかし、こうした人々も、宇宙の普遍的特性である重力の法則を否定しようなどとは夢にも思わないだろう。現実に、凍結した歩道を歩くような場合には、とりわけ、それに忠実に合わせようとしているはずだから。

われわれは重力の法則に注意を払わねばならないだけではなく、可能な限りそれを学ばねばならない。そうすることによって、風呂の湯を抜くことから、宇宙飛行士を地上に帰還させることまで、人類の役に立てることができるのである。重力の法則だけでなく、発見された自然界のすべての法則にも、それはあてはまる。

8　科学的方法の意義

ここから、ある重要な問題が生じてくる。多くの人は、宇宙が物理法則に支配されていることをしぶしぶ認めながらも、人間はこの物質宇宙の一部ではなく、独立した、精神の法則にしたがう精神的存在であると考える。これは宇宙の統一性の否定につながる考えだ。物質宇宙の法則と宇宙の精神的部分の法則という、二組の法則の存在を意味するからだ。

実験によって定義された物理法則は、場所がニューヨークであってもアフリカのトンブクトゥであっても検証が可能であり、真理として認められる。一方、人間が創造した精神の法則は、意味合いが東洋と西洋とではまったく異なったりする。

二種類の法則というこうした概念は、人間の本質と、その宇宙における位置づけに関して、大筋での合意形成をほとんど不可能にしている。

精神の法則は、人の経験によって有効性が認められると信じられており、ある枠組みの中でなら、おそらく真実なのである。しかし、場所がちがえば意味も変わるし、同じ場所でも人によって意味が異なることもある。そんな法則では、広く検証され、受け入れられている物理法則とは比べようがないのだ。

これが科学と宗教の対立の原因である。宗教の基本的主張とは、人間の直観的で創造的なイマジネーションは物理法則を超越した法則を形成し、それなしでは確認できない自然のさまざまな局面を説明するというものだ。科学が主張する（おそらくは望む）のは、自然のすべては実験的手法による検証の前に開かれているということだ。確かにこの手法は何世紀にもわたって、自然の一部のみに限定して用いられてきた。しかし、それがあまりにも成功を収めてきたために、結果として、科学をあらゆる局面に拡張して何がいけないのかということになった。

興味深いことに、科学的手法は科学だけに限らず、それをわれわれは日常使って生活しているのだ。問題の解決にあたり、われわれは鍵となる問題を絞り込み、筋道に沿った過程をたどって、掘り起こした事実の間に思いもよらない関係をみつける。そのとき、われわれは予感とか当て推量、夢想、専門用語でいう仮説などを用いるが、だれもこうした創造的アイデアがどこから来るのか知らないで使っている。

予感とか仮説とかは、われわれが問題解決のためにさまざまな道をさぐる、一種の論理的演繹法を用いていることを示唆している。

物理学の実験室では、仮説を厳密に管理された実験によって検証するのは、さほどむずかしくない。そして仮説を支持する結果が出れば、それを一般的に正しいとみなすわけだ。しかし、人間や生物の問題となると、ことはそんなにたやすくない。

どんな場合であろうと、実験である仮説が証明されても、それが唯一の仮説だとみなしてしまうまちがいは犯してはならない。そんなことをすれば本当の答えを得るのがむずかしくなる。もし、どのような問題でも答えがそんなに簡単にみつかるのなら、生きている楽しみがなくなってしまうというものだ。

事実の探索、仮説、演繹、実験という過程は、だれもが日常的にやっていることなのだ。たとえば、ケンタッキー州ルイヴィルでの馬の走りっぷりに関する知識をもとに、ノーザンダンサーという馬がレースで勝つと判断して馬券を買うとする。もし馬が勝てば、あなたの当て推量、予感、または仮説は根拠があったということになり、逆に負ければまちがっていたということになる。

競馬や球技に限らず、人の心の動きのあらゆる局面において、同じことがいえる。画家の場合は周囲の美しい場所の中で、これはと思ったものを描く。作家は着想を、ものを書くことで表現する。音楽家は思いついた曲の断片から作曲をする。われわれはみな、さまざまな活動の中で同じようなことをやっているのだ。しかし、思いついたアイデアがよいものなのかどうかは、なかなか検証できない。

絵が売れたり、著書がベストセラーになったり、曲が世界中で演奏されたりすれば、作者は自分のイマジネーションが価値あるものだったと思うことができる。だが、いつもそのように結果がすぐに出るとは限らない。成果がすぐにみえないからといってイマジネーションが無価値だったと決めつける必要はない。長年日の目をみなかったり、認められなかったりした重要なアイデアも多いのである。

科学者が自然法則の発見に用いる方法には、神秘的なものなどなにもない。だれでも同じ方法を使っているのだが、予感を実験で確かめるのが簡単なぶん、科学者が一般人よりすこし有利なだけだ。

科学者にとっても、そうでない人たちにとっても、問題解決とは物事に対する知識と理解が深まるにつれ変化することを条件として、つねに発展、成長するプロセスであるべきだ。だれもが疑わない重力の法則のような、ごく少数の例外を除いて、立証された物事が疑わしいことがしばしばある。解明ずみとされる物事を増やしていくことは、科学者の究極の望みであるが、そんなことはめったにかなえられない。

これを、人間の尊厳を損ねる悲観的なアプローチとみる人もいるかもしれない。宇宙は複雑であり、現在得られる情報で、その壮大なる構成要素を分析・解釈したりすれば、個々人の力ではたいしたことはできないから、真理に近づけないのは当然のことだ。しかし、宇宙の理解に向けて謙虚にアプローチすれば、人間の尊厳を損なうことなく、逆にそれを高めることになる。自然は、強引なことをすれば逆にヴェールを閉ざしてしまうから、慎み深く近づくのが一番なのだ。以上が、今も続く「科学の冒険」において使われている手法である。

第2章❖進路とコンパス

1　旅の目標

前章で、この科学の冒険の成果をいくつか、かいつまんで紹介した。しかし、出発時に期待したものが必ずしもみつかるとは限らないことは強調しておかねばならない。なぜなら科学とは、海図なしに水平線のかなたの目的地へと向かう船旅みたいなものだからである。われわれは「最終の」目的地を知らない。ただ望むことは、自らの手で何らかの目的地に到達するか、それができなくとも、すこしでも目標に近づき、何らかの知識を得て、後進に道をひらくことである。

すでに、われわれの発見についてご存知の読者もおられるかもしれないが、結果が知られている昔の探検記が今もよく読まれているように、われわれがどのようにして発見に至ったのか、そこで用いた科学的手法などに興味をもたれるむきもあるかと思う。

最終の目的地がわからないといっても、やみくもに進路を定めてよいわけがない。目的地がみつからなかったり、中国に行くつもりで、今日モントリオールと呼ばれている土地を発見した先人たちのように、想定外の結果が出るかもしれないが、探検家たるものは目標だけはきちんとしておくべきである。

前の章でも述べたが、まずできる限り多くの事実を集め、それらの間に何らかの規則性がみられないかを調べ、それから、発見の旅で確かめるべき予感、すなわち仮説の形成へと進まねばならない。

旅を始める前に、もうひとつすべきことがある。それは、行きたい方向に進路を保つために最良の航海用具をそろえることである。

2 場とは何か

ガルヴァーニの時代から今日まで、生物について数え切れないほどの研究が行なわれてきたが、それらの成果によって、あらゆる生物が電気的特性をもっていることが明らかになった。今日では神経インパルスや筋肉の収縮や腺活動などに付随する、脳波や心電図が多くの重要な情報をもたらした。これらの現象が意味するものについては、健康な生体機能と病気の生体機能の電気現象を比較観察するなどの方法で、もっぱら経験的に解釈されてきた。

ところが、測定された電気的変化の本質と意味については、生じた結果から説明されているだけで、基本的な理論が構築されていないのだ。その理由は、はっきりしている。物質的なもの、流動体や原子価や不連続性などに重きを置く現代流の考えが、生物学者たちの頭を支配しているからだ。

ガリレオが無機的宇宙の物理的、機械的理論を展開するや、それはただちに血液循環の原理を発見したハーヴェイによって応用され、生物についての物理的、機械的概念が発展していった。ラヴォアジェが生物の代謝における呼吸の化学的特性を明らかにしたのは、質量保存の法則の発見によって化学の基礎が確立したのと同時期であった。それ以来、リービッヒをはじめとする多くの生化学者たちの手で、生物の化学的性質がしだいに明らかにされてきたのである。

しかし、それは、近代における潮流であることに注意する必要がある。化学は、原子という不連続な概念に基礎を置く。原子論は伝統的に、構造よりも物質を、全体よりもひとつひとつの構成要素を重視してきた。この思想が生物学全体にいきわたり、生物のプロセスや要素の化学的性質については疑問をさしはさむ余地すらないほどだ。一世紀ほど前、シュライデンとシュワンのふたりによって動植物の細胞の特性が発見されると、これが原子に相当する生物の究極の単位ではないかといわれたものだ。もっとのちになると、細胞にかわって遺伝子が注目されるようになり、さらには自己複製能力をもつ複雑なタンパク質へと主役の座が変わってきている。それでもなお、物質第一主義である点では、まるで変わっていないのである。

こうした生物学の歩みの背景には、物理学および化学の世界で発見され、最初に形成された哲学的観点があることに留意されたい。今日、生物学が成功を収めているのは疑いのない事実といえる。それは成熟した精密科学である物理学の後を、わき目もふらずに追いかけている。けれど、物理学に無条件で従うのならば、それまでの生物学理論に多少の修正を加える必要がある。というのは、組織より構成要素を、連続性より不連続性を、自然全体よりも個々のシステムを重視してきた生物学の過去の考えに、根本的かつ徹底的な補足を加える必要が生じてきたからだ。

ここで「補足」としたのには意味がある。なぜなら、現代の観点というものは、過去の支配的観点の否定の上に成り立つのではなく、単にそれを修正しているにすぎないからだ。しかし、そうした修正を徹底的に進めたところ、後述するように古代ギリシャの観点が現代の観点と対等の立場を占める結果に至ったのだ。そのうえ、概念の変化があまりに根本的で、重要で、広範囲に適用されたために、人間活動のあらゆる分野や、われわれが観察し、実験する物事の意味や価値そのものまでが影響を受けたのである。物理学で起きた大きな変化は、要約すると次のようなものである。

原子物理学は、場の物理学によって補完される必要があった。ここで重要なのは、粒子が場を決定し、場が粒子を決定するということだ。もっと一般的な表現を使えば、連続性も、不連続性もどちらも基本的なものであり、自然は「一」であると同時に「多」でもあるということである。

要約すると、大自然は個々のシステムによって構成されている一方で、それら個々のシステムのふるまいは逆に全体としての自然および、そこに内在する物理学的な場によって決定されているのである。

連続性をもつ場――もしくは粒子のふるまいを条件づける要因としての「一」であり、なおかつ「多」でもあるもの――の再発見とは、古代ギリシャ的観点への回帰ということである。しかし、粒子のほうもまた場の特性を条件づけている。これが現代の観点だ。場と粒子の相互の因果関係は、とどのつまり、ふたつの観点の統合へと向かうことになる。これは、根本原理をふまえてさえいれば、現代物理学の諸発見がもたらす混乱にふりまわされることなく、だれもが理解できる事実である（F・S・C・ノースロップ『科学と根本原理 *Science and First Principles*』）。

しかしながら、事実は単に定義すればよいというものでもない。多くの事実が発見され、かつ、それらの事実が明瞭で一貫性のある原理という基準から公式化されて、はじめてそれは科学となる。てんでに勝手な動きをする物質粒子が、やみくもに集合したにすぎないとする近代の自然観は、自然界のあらゆる秩序を一時的効果にすぎないと決めつけ、さらには全体性をもった自然を単なる集合体とみなし、根本原理である連続性や、決定要因である場には、何らの意味も認めない。一方、プラトンやユークリッドの数学や天文学、アリストテレスの生物学などにみられる古代ギリシャの考え方は、連続性、統一性、組織化、そして自然現象における場の性質を正しく認めたが、そのかわり自然を単一の本質をもったもの、またはひとつのシステムであると解釈することはなかった。

したがって、粒子と場の相互作用に関する理論を形成する以前に、科学の根本原理に関する新しい理論が構築されねばならないのは明らかだ。そのうえ、この新しい理論は、これまで相容れないと思われてきたギリシャ科学の概念と現代科学の概念の双方を包含するものでなければならない。これから先に進む前に、この理論形成の必要性を認識することは重要である。でなければ生命の動電場という理論も、既成の概念に別の名をつけたにすぎないことになり、その革新性も重要性もともに失われてしまうだろうからである。

しかし、この理論はそれ以上の意味をもっている。微小な物理化学成分は実際、場の特性を部分的に決定しているのである。現代の物理学および科学に通じている人は、このことを否定しないが、場と粒子の関係は、従来の科学理論が想定したような非対称的または一方向的な関係ではない。場は粒子を決定すると同時に決定されもするのだ。

場が各部分のプロセスや構成物質の動きを決定する、ということを理解するには、今われわれが認めている原理・原則を見直すことによって、あらゆるものの根底にある自然の統一性の正当化に向けて、現代科学を根本的に修正する必要があると思われる。この自然観の根本的な変革なくしては、生理学や物理学における、あらゆる場の理論も単なる絵空事にすぎないことになる。

アインシュタインは、マクロな宇宙の構造が一定であれば、ミクロな物質の構造もおのずから、ほぼ一定であることを示した。「場」は、物質と無関係に存在するのではなく、物質のふるまいを適正に決定しているのである。かくしてアインシュタインは、ニュートンの三つの法則を、「物体は観測者の座標系における時空の中の進路に沿って動く」という、ひとつの法則に置き換えた。だが、一般相対性理論はまた、「物質の位置関係が場の性質を決定する」ということも規定している。つまり、「場」は、その構成物質を決定すると同時に、逆にそれによって決定されもするというのである。

組織の形成という、きわめて複雑で根本的な問題を考える場合、われわれは今いったような事実が、生物学という分野において重要な意味をもっていることに気づかされる。生物が、進化の流れに逆らうことなく、一方でたえまない新陳代謝を続けながら、その構造を維持しているというのは常識である。だが、生物の組織と構造が化学的要素により決定されるとする伝統的な考え方では、不断の新陳代謝や化学変化にさらされながら、どうして生物がその構造の恒常性を保っていられるのか説明できないのである。そこには明白な矛盾が存在する。この矛盾の存在が、ひいては「非 - 物理的要因」に説明を求めようとする動き、つまりドリーシュが提唱した「エンテレヒー」という概念をはじめ、シュペーマンの「形成体《オルガナイザー》」、チャイルドの「生理勾配」、ワイスの「生物場」など、それぞれそれなりの説得性をそなえた、多種多様な学説〔「新版への訳者あとがき」二三二ページ参照〕を生む下地となってきたのだ。

とはいえ、今日では、あまたある仮説がことごとく無力であるということよりも、伝統的な理論が事実にそぐわないという点がそもそも問題であることがはっきりしている。たとえば、生物組織の成長、なかんずく神経系の発生などについては、すでに膨大なデータが蓄積されているにもかかわらず、成長をコントロールする要因について、いまだに満足な説明ができないでいる。発生の過程をつぶさに記述してみたところで、それだけでは、変化前のある段階と変化後のある段階との間の関係を説明していないし、そもそも変化の要因は何かというような肝腎の点については、ほとんど何もわからない。データ蓄積偏重という姿勢は、逆に隠れた規則性をおおいかくしてしまったり、考察という行為の否定につながりがちなのである。

ドリーシュが「エンテレヒー」という、ある種の生命力を仮説としてもちだすに至った背景には、こういう事情がよこたわっている。なんとかして行き詰まりを打開したいという気持ちが、そこにうかがえる。しかしながら、このすばらしい仮説も、これまで正当な評価を受けたためしがない。彼の理論は全体としてみれば、生物の成長をみごとなまでにコントロールするメカニズムを、かなりの程度までうまく説明している。だがそれは、科学的証明がとうてい不可能な、超生物学的な要因を仮定しているところに弱みがあるといえる。これは、なにも彼の理論だけに限らず、シュペーマン、ワイス、ガーヴィッシュらの「場」の理論にも共通する弱点なのである。生物システムが力動的な全体性を備えており、その統一性を維持することが存続のために必要であることは、生物学者のだれもが知っていることである。実際、この点を強調していない仮説はないといってもよいくらいだ。しかし、なぜ、そのようなことが可能なのか、説明に成功した例は過去になかった。今日、細胞の原形質の構造については、物理学および化学の両側面から、すでに相当な量の情報が得られている。だが、それにもかかわらず、ばらばらの要素がいったいどういう方法で、細胞という、ひとつのダイナミックな全体にまとまるのかということについて、われわれはほとんど何ひとつ知ってはいないのである。

生きている細胞の細胞質は、単なるかたちのない化学物質の塊などではなく、統一性と整合性を備えたひとつのシステムである。細胞質を分子のでたらめな配列と考えるのも不適当だ。ある明確で規則的なパターンが、そこには確かに存在しているのだ。しかし、生体内のめまぐるしい変化にもかかわらず、こうしたパターンが維持されるメカニズムを説明できる理論はない。過去、とりわけ膨大な研究がなされてきた神経系の発生に関しても、こういう状況はまるで変わらない。局部的な発生から分化を経て、最終的に神経束が形成されるに至るメカニズムについて、納得のいく説明がいまだにできていないのだ。

3　生命の動電場仮説

物理学において微粒子の関係を説明する「場」の理論が出現したことによって、生物学の理論上の難点がこれで解消することがはっきりした。私の「動電場仮説」のねらいもここにある。もしこれが実証されたなら、生物学上の数多くの問題点が一挙に解決することは、まずまちがいのないところなのだ。

私の仮説は、長年にわたって神経系のメカニズムを実験的に探求してきた帰結として、生まれてきたものである。[*原註1] それらの研究の中で、神経系の形成に影響するきわめて重要な要因が、神経管壁内の成長分化速度の変動にあることが発見された。[*原註2] さらに、これらの急激な増殖の中心ともいうべきものが、神経繊維の発生分化の方向、およびその最終形態の形成と関連している、との見方をうらづける実験的証拠も得た。どうやらそれが神経繊維のパターン形成に影響する因子らしいと見当がついたので、次の研究課題として、組織の位置がどのようにして決められるのか、また、分化の速度を調整するものは何かという点について、原因をさぐる必要が生まれた。これがわかったなら、神経系の起源についての理論形成に役立つだけでなく、ひいては他の組織や生物システムの起源の謎を解く手掛かりが得られるはずなのである。

ところで、生物の成長の背後には、これまで知られている生物学的プロセス以外に、生物電気現象というものが存在することが、数多くの証拠によって示されてきた。[*原註3] 生物電気を対象として行なわれた膨大な研究によれば、生命体の間には極性および電位のちがいがあるという。これが事実なら、それは「動電場」が存在する証拠である、という説明ができるのである。

物理学の世界では、「場《フィールド》」というものの存在がひろく認められている。[*訳註1] そして、素粒子間の関係を大きく決定しているのが、この「場」なのである。個々の原子の特性は、「場」と「素粒子」の相互依存関係から生じる。そして、物理学的パターンは動電場および、そこに含まれる素粒子の間の相互作用により、形成されるのだ。

この仮説を生物学にあてはめても、べつにおかしくはない。生物システムにも電位差や極性が存在する。それゆえに動電場もまた、そこに存在しているはずだといえるのである。
したがって、次のような仮説が成り立つと思われる。

あらゆる生物システムの形態または組織は、複雑な動電場によって形成される。動電場と、それを構成する物理化学的成分との間には、「成分が場を決定し、逆に場が成分の動向を決定する」という関係が部分的に成り立っている。動電場は、物性的には電気的性質をもち、その特性ゆえのかたちで生物システムと結びついている。また、この場というもの自体、生物システムの存在に起源をもつ部分がある。したがって、動電場とその構成要素は、相互依存の関係にあるといえる。

動電場は、単にパターンを形成するだけでなく、生命体の盛んな物理化学的新陳代謝の中で、パターンを維持し続ける能力がある。だから、それは生命体をコントロールするものであり、その活動により、生命体に全体性、組織性、および継続性が生じるのだといえる。したがって動電場は、ドリーシュのエンテレヒー、シュペーマンの発生場、ワイスの生物場などにも匹敵するものである。

以上に述べた「生命の動電場仮説」はイエール大学のF・S・C・ノースロップ博士と筆者と

の共同研究により生まれ、一九三五年に発表した同博士との共同論文の中で、はじめて世に出た。*原註4

この仮説がとくに興味深いかかわり合いをみせたのは、発生学上の諸問題との関係であった。そのうちのひとつを次に紹介しよう。

動物の尾部発生過程においてもっとも興味ある問題は、軸椎骨の形成に関するものである。この部分は、細胞分化が始まる前から、すでに直線状の構造が形成されているのだ。実験的に、この部分の細胞の配列を入れ換えてみたところ、それらの最終的な運命が変わってしまったはずのところが、できあがった軸椎骨には何の変化もなかった。成長の過程で、細胞たちがまるで当然のことのように、それぞれの役割を変更したのだろうと思われる。そのうえ何らかの方法で、細胞たちは自らの形態を決定し、行動をコントロールしているのである。

胚の各細胞群には発生するための条件が備わっており、それらが将来何になるかは生物体における位置関係によって決まる、とするドリーシュのすぐれた観察には、負うところが大きい。そ

*原註1＝巻末の著者による論文目録 (1916, 1920, 1924, 1926, 1930,1932) を参照。
*原註2＝巻末の著者による論文目録 (1932) を参照。
*原註3＝以下の論文を参照。 Gurwich, 1926; Ingvar, 1920; Lund, 1922.
*原註4＝Burr, H. S. and Northrop, F. S.C., *Quarterly Review of Biology* 10: 322-333, 1935.
*訳註1＝自然界は物質粒子と場から構成されているが、物質粒子もまた場とみなすことができるので、自然界は場の理論のもとに一元化される。

れでは、細胞の潜在力を、それぞれの位置に応じたかたちで発揮させるメカニズムは何か？ ドリーシュは、これを説明しようとして、ある超生物学的な指導原理を考えた。それが「エンテレヒー」である。しかし、現時点でこうした事実を、よりうまく説明できるのは、先に紹介した動電場仮説なのである。

物理学の世界をのぞいてみよう。原子の性質は、それを構成する物質およびそれらが位置している場によって決まる。また、電子軌道の位置が決定的に重要な役割を果たしている。生物システムにおいては、これよりずっと複雑ではあるが、細胞群の運命は、胚が動電場の中の、どこに位置しているかによって決まるのである。この考えを是認すれば、通常の組織の形成において三つの要素が存在していることが明らかになる。すなわち細胞が、（一）発生のためのメカニズムを備えていること、（二）適切な環境にあること、（三）動電場のどこかに位置すること、である。

4 動電場仮説が提起する問題点

以上に示した理論的考察の結果、われわれもまた、従来の研究者のほとんどが到達したのと同じ結論にたどり着く。それは、パターンもしくは組織というものが、生物システム、物理システムを問わず、この宇宙の森羅万象の基本となる特性であるということである。動電場仮説、それはこの問題に直接的に踏み込むことのできる作業仮説であり、しかも、実験を行なうことによって検証することが可能なのだ。かりに、この仮説が実証されたなら、そこには電位測定という手法にもとづく研究の、広大な分野がわれわれの前にひらけることになるだろう。さらには生命組織を、その化学組成を分析するのと同程度の客観性を備えた物理学的方法で探求する道もひらけていくだろう。

生物学理論を物理学理論と同等の地位にまで引き上げるためには、動電場仮説のようなものを積極的に導入していく必要がある。そして、この仮説が提起する問題を、電気工学的実験方法を用いて大自然に問う段階に至るまでには、生物学研究自体、物理学的理論形成の必要性を認識し、それにもとづいて十分なデータを収集していかなくてはなるまい。

もしも、この仮説が実証されたなら、場の物理学のために発展してきた数学的手法を生物学にも応用する道がひらけ、伝統的な実験的方法に加えて、生物学を数学的に研究する時代がくるかもしれないのだ。

ここに紹介した場の理論が提起している問題点は、次の四点である。

(一) 生物システム間の電位および極性のちがいは一般的にみられるものか?
(二) こうした電位差は何らかの法則によって生じたのか?
(三) 現行の電気測定法は動電場の測定に有効なのか?
(四) 動電場は生命活動をコントロールまたは決定しているのか、それとも逆に、生命活動の結果生じたにすぎないのだろうか?

5 動電場測定の技術と用具

さて、われわれの探検の目的地はこれではっきりした。だが、これでもう出帆できるなどと思ってもらっては困る。未知なる大海に船出するには、正確な「コンパス」が必要である。しかし、この冒険が最初に企てられた二五年以上も昔には、役に立つコンパスなど、どこにもなかったのだ。

現在、生物システムの電気測定を行なう方法はすべて、その生物システムがもっている電気的出力に依存している。だがいうまでもなく、この方法は生物システム自体の電流を消費するため、測定行為そのものからの悪影響は避けられないのである。

この点をみごとに解決したのがルンドであった。彼が生物組織の研究のために初期の実験で用いた電位計に、その種の対策がなされていたのである。しかしこの機器は安定性に欠けていたため、長期にわたる詳細な研究を行なうには不向きなものであった。

ルンドは、原形質測定用の硫酸亜鉛電極を開発するという、すばらしい業績を残している。この技術によって、金属電極を用いて原形質を測定する際につきまとっていた不安定さが払拭されたのである。それまでは、生物システム自体のものと無関係な電位がつねに発生し、測定結果の信頼性を低めていたのである。

ルンドの論文を読めば、彼が研究のために、信じがたいほど精密な技術を求めていたことを、うかがい知ることができる。彼は、測定対象となる生物システムの電流に影響を与えないコンプトン電位計の使用に加えて、可逆電極[*訳註2]を採用した。こうして、彼の初期の実験の多くは、原形質に無用な刺激をできるだけ与えないようにし、一定に保たれた環境条件下で行なわれたのである。使いやすく長期間信頼に耐える機器を得ることは、研究を行なう上で大きなメリットになるのである。

さて、生物システムの電位差が測定できるとしても、それはきわめて微弱であることが予想された。したがって、測定すべき生物システム自体の電流にほとんど影響を及ぼさない電位計を開発する必要があった。過去の生物測定で、結論がまちまちで、大きな混乱がみられたのは、そういう機器がなかったからだと思われる。

このような事情をふまえて、生物学研究に最適な測定器の設計仕様ができあがったが、その要求性能はかなりの広範囲にわたるものだった。まず、第一に、生物システム自体の電気抵抗値の変動の影響を受けないように、十分高い入力インピーダンス[*訳註3]をもつ増幅器を内蔵していること。第二に、微弱な電圧変化を記録できるように、十分な感度を有すること。第三に、安定度が高く、不規則な変動が最小限に抑えられていること、などであった。

さらに、電磁遮蔽《シールド》を施さなくとも被験体の測定ができるようにする必要があった。このためには、増幅器の入力における雑音除去率を高くとることが求められた。そして最後に、この装置の実用性の観点から、持ち運びが容易であること、信頼性が高いこと、それからあまり高価であってはいけない、という諸点を満たす必要があった。この最後の点については、標準的なラジオ部品の中から、高性能なものを流用するという手を使って解決された。

こうして測定器の第一号機が、イエール大学物理学部のセシル・レーン博士の設計により、一九三〇年代に完成された。これには、112－Aという名称の真空管が使用されていた。それは当時としては最高の性能を誇る真空管だったとはいえ、真空管自体、まだ発展途上にあった部品で、程よく特性のそろった二本の真空管を得るのは至難のわざであった。なお、特性がやや不揃いの真空管をバランスさせるための数学理論を発展させてきたのが、ウィン＝ウィリアムズという人物である。

第一号機で使われた真空管は、次のような特徴をもっていた。

（一）相互コンダクタンス[*訳註4]が高い
（二）ヒーターを使わず陰極を直接加熱する直熱型
（三）フィラメント[*訳註5]（陰極）温度が低い
（四）プレート[*訳註5]（陽極）インピーダンスが低い

この最後の特徴により、増幅器はその名のとおりの増幅作用よりも、一〇メグオームという高い入力インピーダンスを一〇キロオームの低い出力インピーダンスに変換する、いわばインピーダンス変換器としての性格をもつ。この回路の増幅度は一で、実質的にほとんどないといっていい。
二本の真空管は、二本の抵抗器と合わせてホイートストーンブリッジ回路*訳註6を構成している。真空管のうちの一本には、測定対象物の電位が入力され、もうひとつの真空管はダミーとしての役割をもっている。このダミー管は入力段の真空管の、つねに流れているプレート電流を相殺して消去するためのもので、こうすることにより入力管に電位差が印加されず、何も測定していない時に出力管のプレート回路に接続されたガルバノメーター（電流計）に電流が流れるのを防ぐようになっている。

*訳註2＝電極と生体の境界面での電荷の移動が、分極により妨げられることのないように設計された電極。銀／塩化銀電極もその一種。

*訳註3＝交流電気における、電圧の電流に対する比で、直流抵抗値（Ω）であらわされる。

*訳註4＝真空管やトランジスタなどで、入力電圧を変化させた場合の出力電流の変化のことをいい、この値が大きいほど増幅度が高くとれる。

*訳註5＝初期の真空管には、グリッド（格子）、プレート（陽極）、フィラメント（陰極）と呼ばれる電極があり、グリッドに入力信号を加え、プレートから出力信号を取り出す。真空管を適正に動作させるためには、グリッドリークと呼ばれる、グリッド～アース間に入れる抵抗によって適度な電流（バイアス電流）をグリッドにかける必要がある。

*訳註6＝抵抗を四個ひし形に組み合わせ、まん中に検流計を接続した電子回路で、未知の抵抗値を測定する用途などに用いられる。この回路の応用法を開発した英国のサー・チャールズ・ホイートストーンにちなんで、この名で呼ばれる。

そして入力に電位差が加わると、それに応じてこの回路の実効抵抗値が変化し、ガルバノメーターの振れとなってあらわれるのである。こうして得られる測定値は近似値の域を出ないのであるが、ここで述べている目的のためには十分である。なお、相互コンダクタンスが十分高いことも、必要な条件である。

この測定器を製作するにあたって、理論面で大きく貢献したのが、先にも紹介したウィン＝ウィリアムズである。彼が発表した理論のおかげで、フィラメント加熱用バッテリーの不安定さからくる影響を、自動補正することが可能になった。二本の真空管のそれぞれのフィラメント電圧を、互いにほんのすこし差をもたせておけば、フィラメント用バッテリーの安定度が向上し、ガルバノメーターに流れる電流の変動をなくすことができるのである。どんなに強力なバッテリーといえども、多少の電圧変動は避けられないため、この回路のメリットは大きい。

とはいえ、この回路は物理学研究の用途には、これで十分役に立つものの、生物学研究においてはこのままでは使い物にならない。そのもっとも大きな理由は、市販されている真空管では、グリッド*訳註5（格子）とフィラメントに接続する回路のすべてに電流が流れるという点にある。この、いわゆるグリッド電流は、ある程度まで回路の電気抵抗に関係なく流れるため、グリッド回路に入る抵抗器に、その抵抗値に比例した電位差を発生させてしまうのである。入力端子に実際に標本をつないでみるとよくわかるのだが、このままではガルバノメーターにみかけの電位差があらわれてしまう。それは、測定すべき真の電位差を上回ることが多く、これでは測定器としてまるで用をなさないのだ。

すぐれた特徴をもつウィン＝ウィリアムズ・ブリッジ回路を生物学用測定器に応用するためには、みかけのグリッド電流を何としても除去する必要があった。そこで使われたのが、フローティング・グリッドと呼ばれている手法である。

グリッドを真空管内の他の部品から電気的に絶縁すれば、グリッド電流はフローティング・グリッド電位という値をとる。ここでグリッドに、バッテリーで、これと等しい値のバイアス電流*訳註5をかければ、グリッド電流をうち消すことができるのである。実回路では入力段にもうけられたスイッチにより、入力管のグリッド・バイアスを切り換えられるようになっていた。一号機では、このグリッドリーク*訳註5の値を一〇メグオームに選んでいた。実際の入力インピーダンスは、この数倍ほどの値になっていたものと思われるが、一〇メグオームという値は実用上最適値であることがのちに判明した。

その後三〇年以上にわたって、この種の高入力インピーダンス増幅器が使用されてきたが、その間の目立った改良といえば、ほとんど真空管に集中した観がある。回路に関しては基本的な点では変わっていないといえるが、ただ、特性のそろった真空管のペアを得るのが昔ほどむずかしくなくなったため、ウィン＝ウィリアムズ・バランス回路のような調整回路が不要になった（今日では、高感度で安定性にすぐれた真空管電圧計が市販されている。Lフィールド測定に適した米国製の機器としては、ヒューレット・パッカード社の直流真空管電圧計412A型という製品があげられる〔二〇二ページの図版参照〕。もちろん、欧州にも優秀な製品がある*訳註7)。

さて、生物体のきわめて微弱な電圧を、高い信頼度で測定できる機器がそろったとしても、こんどは、生物体に測定機器を接続するにあたっての問題を解決しなければならない。生物体の電気勾配を詳細に調べようとすれば、当然のことながら、測定対象に生起する電位以外の余計なものが計測されるようであっては困るのだ。

生きている組織にじかに電極を接触させた場合、それが可逆電極であれば、ある種のイオンに起因する電位が生じたり、また不可逆電極を用いた場合、測定値が実際以上に大きくあらわれたりして、正確な生物電位の測定はなかなかむずかしい。ところが、イオン濃度が生体にほぼ等しい食塩溶液を使えば、接点で生じる電位差からの悪影響を、最小限にとどめることが可能になる。

リンゲル液のイオン組成測定に用いる可逆電極のうち、塩素イオンに対応するものだけが開発されている。生理学的に生体と同等の塩素イオン濃度の範囲では、初期によく使われた亜鉛電極よりも塩化銀電極のほうが再現性にすぐれ、また、同一溶液内で生体と電気的に接続できるため、接触電位の影響が小さくなるという利点をもつ。塩化銀電極は、物理化学者たちが正確な起電力を測定するために用いており、一〇マイクロボルト前後の微少電圧の測定においても安定で、再現性にすぐれていることが知られている。

われわれが最初に使った電極は、ハーンドが製作したタイプ2というもので、プラチナのワイヤーで支持された酸化銀を加熱して得た銀と、塩化水素の酸性溶液を電気分解してつくった塩化銀からできていた。だが、これらの素材は扱いにくく、製作は困難で、実用性に乏しかった。そのうえ、当初目標とした測定下限の一〇マイクロボルトという数値については、そこまで高感度にする必要がないということがわかった。最初のうちは、生体の通常の電位がどの程度のレベルなのか見当がつかなかったので、装置の感度はできるだけ高いほうがよいと考えていたのである。ところが、その後実測してみると、小さい単細胞生物などは除いて、ほとんどすべての生体電位の水準は意外なほど高く、「ミリボルト」のオーダーであることが明らかになったのだ。

現在使われている電極は、元イエール大学にいた物理化学者、レスリー・E・ニムス博士が考案したもので、適当な長さの細い銀線または銀棒を、塩化水素もしくは塩化カリウムの溶液中で電気分解するか、あるいは溶けた塩化銀に浸すことによって、塩化処理したものである。電極はふつう、一度に大量に作られる。そして、その中から電極自体に発生する電位が最小となるような二本の組み合わせが選ばれるのである。

実験の初期には電極を、生体の塩分とイオン濃度が等しくなるように調整した生理的食塩水に浸し、塩のブリッジを通して細胞原形質に接触させるという、かなり手の込んだ方法が用いられていた。だが、測定電圧がミリボルトという水準を対象とすればよいことがわかったので、以後

＊訳註7＝真空管電圧計は今日、半導体化の進展による真空管の製造縮小に伴って、ほとんどみられなくなった。現在では半導体化された電子電圧計が主流になっている。

は不活性な塩のペーストのみを用いて電極を接触させる、より簡略化した測定法がとられるようになった。

電極ペーストの材料として、もともとスキン・クリームのファンデーション用に開発された、パーク＝デイヴィス社の「ユニベース」という製品に、塩化ナトリウムを添加したものが利用された。塩化ナトリウムの濃度についてはペーストと原形質間のイオンが平衡状態になるまでの時間が比較的短いことから、あまりシビアに考える必要はなかった。この「ユニベース」ペーストを利用して、電極を木の形成層にかれこれ二〇年以上も装着してデータをとっているが、これまで問題を生じたことがない。この電極の装着期間は、ほとんどが一回あたり数週間ないし数カ月という、かなりの長期にわたっているが、交換が容易なので長期的に観察を続けることが可能になるのである。電極のタイプや長さは、どういう測定を行なうかによって決まってくる。また、測定する範囲は生体組織の表面積以上のものはないので、電極の形状もおのずと限られてくる。

電極の設計が適切であれば、下等な変形菌から人間に至るまで、ほとんどありとあらゆる生物について、再現性にすぐれた測定を行なうことができる。研究者の工夫が入り込む余地があるとすれば、電極の種類の選択と装着方法ぐらいのものだろう。増幅器のアース端子に接続された電極は、生体の測定部分よりすこし離れた箇所に装着するのがふつうである。そして、いわゆる「ホット」側の電極は、いうまでもないことだが、測定しようとする部分にできるだけ近づけて装着する。しかし、こうして測定された値は、たったひとつだけでは意味がない。別の複数の測定値と比較することによって、それははじめて価値をもつのである。つまり、絶対値よりも、相対値が問題なのだ。

ウィラード・ギブスの時代から、ふたつの電極の間の物質の電位、または、ふたつの電極の境界面[*原註5]の電位を正確に測るのは、不可能であることが知られていた。先にも述べたが、われわれがおもに考慮するのは、複数の測定値間の差または関係なのである。境界面は、また、電圧勾配を生じる原因であるとされている。あらゆる生命体の内部には無数の境界面が存在し、それらが積み重なって相当の電圧勾配をもたらしているのである。だが、実際に測定できるのは、生体の二点間の電位差だけなのだ。

われわれが知ることができるのは観測値間の相関関係である。だから、ここで述べている測定技術の主眼は、相関関係の時々刻々の変化の測定におかれている。ただしそれは、観測された電位差の絶対値が無意味なもので、現有の技術では正しい値を示すことができない、という意味ではない。では生命場を現出させている電位の源はなにか？　現代の溶液の物理化学では、ふたつ以上の異種のものが接触するとき、つねに境界面から起電力が生じるということが明らかにされている。このことは、複雑な生命体でも同様である。

ここで、過去三〇年以上にわたってわれわれの研究室が行なってきた測定法が、正確さをきわ

＊原註5＝「境界面」とは、ふたつの異なる物質が接する面の意味。

めたものであったということを、よく知ってもらう必要がある。ひとつは、ブリッジ回路において、二本の真空管内の電子の流れを、互いにバランスさせることであった。これは、水銀の一滴を針の先に乗せるのと同じくらいむずかしいことである。それでもわれわれは、この技法をあえて用いた。だがその結果は、細心の注意をはらって厳密に機器を調整しなければ、不可解な変動に悩まされ、測定結果の信頼性が台なしになってしまうことを思い知らされることになった。

6　すべてを支配する「場」

高インピーダンス増幅器、銀／塩化銀電極というすぐれた「航海用具」を得て、われわれはようやく、信頼できる結果をもたらす技術を手に入れた。その成果はすぐにおとずれた。あらゆる生命形態が、きわめて複雑な動電場なるものをまとっているという事実が明らかになったのである。それは、高い信頼度で詳細に測定され、生物の成長と分化、再生と退化、およびシステム全体における位置と強いかかわりをもっていることを示したのだ。だが、もっと興味深いのは、卵の発生と分化の過程を通じて、終始、動電場が強固な安定性を保っていたということである。

ひろくは大自然、せまくは生物システムの根源的な特性が「場」であると仮定することは、われわれの理論の基本的要件である。この場は、システム内に充満するすべての粒子の位置と動きを支配するだけの能力を備えており、生物の発生と分化がなぜ、かくも精密にコントロールされているのか理解するために不可欠なものである。

この、場に伴う電気的現象は、生物、無生物を問わず、自然を構成するものすべての位置関係を決定する基本特性であると考えるべきである。いいかえれば、ここに紹介している研究の作業仮説は、あらゆる生物がその発生過程においてたどる、それぞれの固有のパターンを決定するパワーまたは指導原理の存在を示しているのだといえる。

場というものが基本にあり、それが自然界のあらゆるものの源流となっているのだ。詳細なデータがこの仮説をうらづけている。次章からは、その実例を紹介していこう。

第3章❖女性の生命場

1　生物システムの電圧勾配

さあ、これで出帆の準備がととのった。海図にない海に乗り出すのに必要な航海用具も技術もそろっている。だが、それでも、生命の動電場という名のこの海は、われわれが分け入ったぐらいでは、その秘密を容易に明かそうとはしないかもしれない。だから、その表面をいたずらに掻き乱して航跡を残す船などよりも、ほとんど何の痕跡も残さずに進める、ホバークラフトのようなものを使用するほうが望ましいといえる。いいかえれば、われわれが動電場の測定に用いる機器や技術は、なるべく被験体の電位に妨害を与えない性質のものである必要があるのだ。

われわれが測定する生体の電圧勾配は、電流や電気抵抗値の変化とまったく無関係なものである。それは、ほとんど純電圧ともいえるものだ。もちろん、この測定値には完璧な正確さは期しがたい。しかし、われわれの測定法を用いれば、被験体の電流をほとんど消費することなく測定することが可能である。つまり、測定に必要なエネルギーは、測定対象の電流を利用するのではなく、すべて外部から供給されるため、測定行為が生体に及ぼす影響を最小限にとどめることができるのである。

われわれの旅は、陸地に囲まれた港から始まる。そこにはすくなくとも、港と、その周辺の陸地についての、ある程度まとまった情報がある。たとえば、われわれは、生物システムが電気的性質をもっていることは知っている。心電図や脳波がそのよい例で、神経インパルスなどの活動電流や筋肉の収縮に伴う電気的変化、および、分泌腺の活動中に発生するとみられている電気的変化などが知られている。

これらの現象については、すでに解明ずみだと読者は思うかもしれない。ところが、なぜそういう現象が生じるのか、統一的に説明している理論はない。生物学的活動の結果であろう、とするのが現時点での通説となっている。これに対し、生物システムがもっている根源的な電場にその原因を求めようというのが、われわれが検証しようとしている仮説なのである。なぜそうでなければならないのかという点については、はっきりした理由がある。

心電図や脳電図をとるにあたって、ほとんどの場合、電極は測定対象である器官に直接接触していない、という点に注目しよう。心電図をとる場合、電極は一本を足に、他の一本は腕に接触させる。また、脳波測定の場合は頭皮にセットしている。この事実は、筋肉、神経、および生物組織自体の活動の情報を体表面に装着している電極にまで伝達する何らかの力が働いていることを示している。

たとえば心電図の変化については、帯電したイオンの運動に起因するとする説が、一般に支持されている。ところが、この説を子細に検討してみると、おかしな点があることに気づかされる。その運動の速度は、心臓の筋肉から足につけられた電極まで実際に荷電粒子が移動する速度よりも、はるかに速くなければならない、ということになってしまうのだ。それよりも、ある種の場の存在を仮定するほうが、この現象をずっとうまく説明することができる。

では、われわれのホバークラフトを海面に浮かべよう。それは、海の表面にさざ波すらたてることなく遠くの未知なるブイをめざして、すべるように港を離れていく。このブイとは、海面に浮かぶ道標のことであるが、それを発見した場合われわれは、すぐさま次のような疑問にぶつかることになる。

「あらゆる生物システムが一連の有意な電気的特性を示すというのは、本当なのだろうか?」

だから、まず、さまざまな生物システムを測定し、どんな場合でも何らかの特性が電位計にキャッチできるかどうか、確かめることから始めねばならない。こうして、過去三〇年以上にわたってバクテリアから人類に至るまで、ほとんどあらゆる形態の生命体が、つぶさに調査されてきた。その結果、生命はすべて電気的特性を伴うという、明白な証拠が得られたのだ。

この電気的特性というのは電圧勾配のことであって、電流や電気抵抗値の変化などとはちがう、ということを再度強調しておこう。

生物システムが示す電圧勾配は、動電場仮説から導かれる唯一の論理的帰結なのである。だが、われわれは理論だけにとどまっていてはいけない。それは実験によって検証されてこそ、本物の知識となる。

2　人体の電圧勾配

では、生物システムに電圧勾配が存在するものと一応仮定して、その性質について考えてみよう。まず、それは、ある大きさをもった量であらわせるはずである。次に、電気的性質として方向性、いいかえれば、プラス、マイナスという正負の極性を示すはずである。

この生物の電圧勾配をくわしく研究するために、まず人体が測定されたのは、自然のなりゆきであった。当初、これは相当困難なものになるのではないかとみるむきもあったのだが、レスリー・ニムス教授のアドバイスによって、ある、きわめてシンプルな方法がとられることになった。銀/塩化銀電極を生理的食塩水に浸すことにより、電極自体に自然に発生する電位を〇・五ミリボルトを超えない範囲に抑えることができる。まず、食塩水を入れたカップをふたつ用意し、それぞれに電極を一本ずつほうり込む。次に、左手の人差し指を左のカップに、右手の人差し指は右のカップに、それぞれ浸すのである。きわめて簡単な方法だが、こうすることによって、測定装置の外部回路がりっぱにできあがるのだ。

こういう方法で、左右の指の間に電圧勾配が存在することが、明瞭に測定できた。それを確かめるには、右指を左手のカップに漬けるか、あるいはその逆のことをやってみるだけでよかった。測定値の読み取りが確かなら、計測を繰り返しても、ほとんど同じ結果が得られるはずである。通常の実験においては一〇回程度、もしくは信頼できる再現性が得られるまで、測定を繰り返すのがふつうである。

測定方法自体は、さほどむずかしいものではない、ということがわかった。では、人体と計測値との間には、どういう関係がみられるのだろうか？　研究室のスタッフ自身が被験者となって数えきれないほどの測定を行なった結果、うれしいことに、電位の量は二ミリボルト以下になることはめったになく、ずっと高い値をとることもしばしばある、という事実が明らかになった。

また測定値の分布を調べてみたところ、人間を左右の指間の電位により、次の四つのグループに分類できることがわかった。

グループ１　一〇ミリボルト台
グループ２　五～六ミリボルト
グループ３　二～四ミリボルト
グループ４　二ミリボルト以下

たいへん興味深いことに、これらのグループ分けの安定度はきわめて高く、測定中はおろか、相当時間が経過したのちも、グループ構成にはまるで変化がみられなかった。この実験は何日にもわたって続けられたもので、その結果の信頼性はうたがうべくもない。生物システムにおける電圧勾配をもたらすのは、組織内の化学作用の結果であるとする今の定説からすれば、こういった安定性はまず、ありえないということになる。

ところで、同じグループ内の個体間には、あらゆる測定技術を駆使しても有意な関連性をみつけることができなかった。これらの被験者はみな男性ばかりだということに気がついたので、女性についても測定データをとり、比較してみれば、男女間の電気的なちがいがはっきりあらわれるのではないか、という期待が高まった。そこで、こんどは女性の被験者を対象とした測定が、連日、何カ月もぶっとおしで行なわれることになった。

こうして女性の電圧勾配を測定してみると、おどろいたことに、一カ月単位で電位が顕著な上昇をみせる時期があったのだ。それは二四時間のうちに起こり、電位の立ち上がりはきわめてシャープであった。この現象はしばしば発生したので、われわれはその原因について究明を開始した。女性被験者たちの個人データを検討したところ、これらの電位の急上昇が発生するのは、ほぼ月経周期の中間期にあたることがわかった。これからただちに推測したのは、それが排卵に伴う現象なのではないか、ということだった。というのは、内分泌学者たちがもう何年も、排卵は月経と月経の中間点で起こり、おそらく月経の始まりの原因となっている、と主張しているからである。

3 排卵時期と電圧勾配

これは、きわめて衝撃的なできごとであった。第一のブイを通り越して、第二のブイ、つまり基本的な生命活動に伴う電圧勾配の変化というものが、はるかな水平線上にみえかくれしてきたのである。だが、ここでわれわれがとらえた変化は電位の量に関する側面であって、極性ではなかったことに留意する必要がある。

ところで、この現象が哺乳類一般に共通してみられるものなのかどうかをさぐるために、排卵の時期が予測できる動物を使って、測定を行なってみる必要があった。幸いにも、そのような目的にうってつけの動物がいた。それはウサギである。ウサギの子宮頸部に適量の刺激を与えれば、通常、約九時間後に排卵が始まるのである。

そこで次のような実験が計画された。まず、今いったような方法でウサギを刺激し、九時間後に麻酔をかける。続いて腹部を切開し、卵巣の近辺に測定器の入力段の真空管につながる「ホット」側の電極を接続し、電極の「コールド」側をウサギの胴体部分に接続する。それから電圧測定を続けながら、卵巣表面を顕微鏡で観察し、排卵が起こった時点の電位変化を記録する。

そして実際に卵胞が破れ、排卵が始まった瞬間、うれしいことにシャープな電位変化がはっきりと記録されていたのだった。この実験は十分な時間をかけて行なわれたが、その結果、排卵に伴う電位変化の発生は、疑う余地のない事実であることが明らかになったのである。

では、この動物実験の結果が、人間の場合にもそのままあてはまると考えてよいものだろうか。これまで人間の排卵期を正確に知る手立てがなかっただけに、それは重要な問題であった。観察された電圧の急上昇は月経周期の中間時点で起きており、それは人間の排卵期についての一部の学説の主張と一致するのだ。

人間については、そうそう簡単に実験で確かめてみるというわけにはゆかない。ところが、事情があって、ある少女の患者について実地に観察を行なうという、ねがってもない機会が訪れたのだった。彼女には、開腹手術を任意で受けてもらう必要があったのだが、幸いにも同意してくれたので、最適な時期をみはからって病院に来てもらうことになった。われわれは手術が始まるまで、五十六時間にわたって彼女の電圧記録をとり続けた。もちろん、これらの記録には、さまざまな生理的理由によるデータの欠落もわずかながらある。しかし、測定の安定性には、おどろくべきものがあった。

この場合、腹壁中央部と、子宮頸部近くの膣壁との間の電圧を測定する方法が用いられた。やがて、電圧が顕著な変化をみせ始めるとともに、患者は手術室に移され、ルーサー・マッセルマン博士の熟練したメスさばきで、手術が開始された。そして切開された卵巣には、はたして破裂したばかりの卵胞がみられたのである。ウサギの実験において発見された事実が人間にもあてはまるということが、こうして、はっきりとしたうらづけを得たのである。

4　月経と電気的変化

この発見は、われわれの科学の冒険の中でも、もっとも興味深いできごとのひとつであった。マサチューセッツ州ブルックリンで、ある婦人科病院の院長をつとめるジョン・ロック博士は、この技法に興味をもち、自分の病院で実験を試みた。われわれも全面的に協力させていただき、多くの測定データを収集することができた。博士が発表した論文には、電気測定の結果、月経周期の中間時点で排卵がみられた一〇件以上にのぼる例が紹介されている。ロック博士の研究は、じつはニューヘヴンにおけるわれわれの研究よりも進んでいたのだが、博士は紳士的にも、われわれの研究発表がすむまで自分のデータの発表を控えていてくれたのだった。その後も博士は実験を続け、われわれの発見をうらづける結果を得た。

ここで思いがけないことが起こった。ある係員がうっかりして、月経周期の中間期でもない患者を測定してしまったのだ。おどろいたことに、その結果は、べつに月経と月経の中間の時期になくとも電圧変化が起こっている、という事実を示していたのだった。

これは、内分泌学者ナウスの、排卵が月経から月経の中間期に起こるという説を真っ向から否定するものであった。彼の理論は、第一次大戦の終戦に伴う急激な妊娠の増加を統計的に調査した結果、導き出されたものである。この統計の有効性には「調査対象のグループに関する限り」、疑問をさしはさむ余地はない。だからといってそれは、あらゆる女性にもあてはまる、とは必ずしもいいきれないのだ。この問題についてロック博士は、統計的事実は正しいのであって、月経周期の中間期にあたらぬ時期にみられた電圧変化と排卵は無関係だと考えている。だが残念なことに、この一件以来、博士は実験を中止してしまった。しかし、それにもめげずわれわれは、研究を続けたのである。

ありがたいことに、ドロシー・バートン博士という協力者があらわれたおかげで、ニューヘヴン病院において一群の女性たちを対象に、実験を継続できるようになった。彼女たちの大半は看護師で、ふつうの人々より規則正しい生活を送っていた。年齢もさまざまで、なかには閉経後の人もいた。

この研究で発見された興味深い事実のひとつは、月経周期の中間点で排卵がみられた女性が、全体の約三〇パーセントを占めていたことである。これは電気測定法の有効性を示したものであったが、一方で、残りの約三分の二の女性については、月経中も含めて、月経周期のどの時期でも排卵が起こっている可能性を示唆するものでもあったのだ。それは、排卵に関する従来の内分泌学説と対立する、ほとんど信じがたいような事実であった。

月経が終わり、不妊期にあたっている女性、および閉経後の女性には、閉経が自然のものか、外科手術に起因する人為的なものかは問わず、こうした電気的変化がみられない。

長年にわたって電気測定データをとり続けてきた患者たちは、まわりの医師たちから、排卵期を知りたいというたっての頼みで、われわれのもとに送りこまれてきたのだった。そのような患者の中に、もう結婚して何年にもなるが、いっこうに子供ができない婦人がいた。当然ながら、不妊の原因があれこれと探られたのだが、当時の技術をもってしては、ほとんどお手上げの状態だった。

この患者は電気測定のやり方を教えられ、一日一回、毎日かかさず、自分で測定記録をつけるように求められた。ところが、何カ月たっても、電圧変化がまるでみられなかった。そこで開腹手術を行なってみたところ、この婦人の卵巣は萎縮していることが判明した。以前かかったことのある結核がその原因であった。したがって排卵が起こらず、電気的変化もみられなかったのだ。

このことは、排卵と月経の因果関係に疑問をなげかけるものであった。研究を実施した患者グループの大多数は、かなり規則的で平均的な月経周期をもっていたが、なかには月経周期がたいへん不規則な一群もいた。ある患者の場合、一年に月経がたった三回しかなかった。さらに、月経と無関係に、顕著な電圧変化をみせる時期が年に三回あった。これまでの経験から、それは排卵に伴うものだと、確信をもって推測することができた。

証拠はもう十分である。排卵に伴って電気的変化が発生し、脳波や心電図の例のように、生体から記録がとれることがはっきりした。証拠はさらに、排卵が月経周期のどの時期でも起こりうることを示し、なかでも、月経から月経の中間点で排卵が起こる女性がもっとも多いことを明らかにした。もうひとつ、月経と排卵が、お互いに無関係らしいこともわかった。つまり、月経を伴わない排卵、逆に排卵を伴わない月経があるようなのだ。

5　子宮がんと電圧勾配

われわれが発表した実験報告は、ニューヨーク大学およびベルヴュー病院に勤務する高名な婦人科医、ルイス・ラングマン博士の注目するところとなった。博士は筆者の研究室を訪れ、排卵期の電気測定法を人工授精に応用できないかどうか、また、われわれの報告書中の電気測定記録が、発達途上の卵巣と卵胞間の関連性を示唆している部分に触れ、それが子宮がんの発見にも応用できるかどうかという点などについて質問した。この会見は、その後の博士との実り多い協力のさきがけとなった有意義なものであった。

ラングマン博士は、女性の月経周期にふつうみられる電気測定値のピークが、排卵を示しているとの仮定のもとに、それを人工授精に最適な時期を決定する指標として用いることにした。そこで彼もまた、特別につくられた電極、高入力インピーダンス増幅器、ゼネラル・エレクトリック（GE）社製光電子記録計などの、必要な測定機材を用意して実験を行なった。

これまで、排卵期の推定に別の方法を使った一〇例では、人工授精の成績がはかばかしくなかったので、博士は同じ被験者群に電気測定法による人工授精を試みてみた。その結果、電気測定法を用いた場合の方が、はるかに好成績を収めたのである。しかし、ラングマン博士のおもな関心は、排卵期の正確な探知よりも生殖器の悪性腫瘍の発見におかれていた。

幸いなことに、ベルヴュー病院婦人科の協力が得られたおかげで、一〇〇人以上にのぼる患者の電気測定を行なうことができた。細心の注意をもってとられたそれらのデータには、腹壁と子宮頸部間の電圧勾配に、しばしば特異な変化が記録されていたのである。

慎重な追試を行なったあと、ラングマン博士のグループは次に、約一〇〇〇人にのぼる入院患者の測定を実施した。それらの病名はさまざまであったが、なかには、子宮筋腫などの繊維腫の患者の一群がいた。これらの患者についてはとくに電圧変化が顕著にあらわれたので、手術を受ける際に詳細な観察が行なわれた。

そして、電圧勾配からみて悪性腫瘍だと推定された一〇二の事例のうち、九五例までもが手術の結果、そのとおりであることが確認されたのだった。

実際に確認された腫瘍の位置は、子宮基底部から管状部、および卵巣組織そのものまで、さまざまであったが、子宮頸部のみならず、卵巣それ自体も含め、生殖器の各部でシャープな電圧変化が記録されていたのは注目すべき点であった。このようにしてわれわれは、電気測定法を使った生殖器の悪性腫瘍の特定に、めざましい成功を収めることができたのだった。

ここでは、実際の患部の位置が子宮頸部に接触させた電極から数センチほど離れていたにもかかわらず、電気的に異常が探知され、組織切片検査によっても悪性腫瘍であるとのうらづけを得たのであるが、これは心電図や脳波が、やはり電極から離れた位置にある組織の状態を読み取っているのと似たところがある。また、ここで観測された電圧変化の量的水準は、生体組織のペーハー（pH）の変動などでは説明のつかないものであった。

こんなに興味深い現象が、他の文献や研究にまったくみられないというのも、おかしな話である。たぶんそれは、電圧変化が場の変動に起因する、という考えをとらないからであり、さらに、心電図や脳波と同じく、組織に電極を直接接触させなくとも電圧変化が十分観測できるということに、だれも気がつかないからなのだろう。心電図や脳波の場合では、その点に何の疑問ももたれずに通用しているのだ。

心電図が一般の医療施設に普及するまでに、発明から三〇年余りの歳月を要している。その間、心電図のもたらす価値については、いちどたりとも疑問がさしはさまれたことはなかった。だが、こと、その原因となると、完全な解明がなされているとはいいがたい。心電図記録が電極を心臓そのものに直接接触させずにとられているという事実も、また、心電図の変化の情報が電気泳動その他の理論では説明がつかないほどに高速で伝達されているという事実も、心電図のもつ現実的で圧倒的な価値の前には、まったく不問のままにされてきたのである。

ここで紹介している事例においても、電極が測定対象とする組織とじかに接触していないにもかかわらず、電圧変化はほとんど瞬時に伝達されている。現在のところ、それをうまく説明できるのは、動電場仮説以外にはみあたらないのである。

6　動物実験による確認

これまでみてきたように、われわれの発見は、排卵と月経が密接不可分のものだというこれまでの常識に異議をとなえるものとなった。もちろん、内分泌の化学的要素が重要な役割を果たしているのを否定するつもりはない。だが、化学的プロセスは、基本的には生殖器官の活動エネルギーを供給する役割をになっているのであって、その方向づけを行なっているものではないのだ。

この方向づけの源については、神経系の活動から推定するのが妥当だと思われる。脳の視床下部には排卵に関係している細胞集団があるが、またこれとはべつに、月経周期全体をコントロールする神経機構が存在している証拠があるのだ。

人間の排卵に関する研究が行なわれている間、動物実験も並行するようにして進行していた。著名な婦人科医であるルーサー・マッセルマン博士をはじめ、ドロシー・バートン、ジョン・ボーリング、ヴィンセント・ゴットの各博士たち、および数しれない患者や被験者の方々の協力のもとに、ラット、ウサギ、ネコを使った研究が実施されたのである。その結果、動物の発情周期のさまざまな段階と電気測定値との間に関連がみられることが明らかになった。電気測定はまた、月経の期間中および発情期間中に起こる全生理学的プロセスの指標として有効であることもわかったのである。さらに、最初ウサギで発見されたことが、サルのような霊長類の排卵にもあてはまることが、ゴット博士の研究により明らかにされた。

ガートルード・ヴァン・ウェイグナン博士の惜しみない協力のおかげで、ゴット博士は一群のメスのアカゲザルの排卵について綿密な調査を行なうことができた。調査対象としたのは五匹のサルの、合計一二回分の月経周期だが、そのうち一〇回について、独特の高い負電圧のピークがみられた。その特異な形態からみて、これらのピークとは性質を異にするものではないかと思われた。この顕著なピークは同一周期中の他の電圧ピークとは性質をにかけて発生していた。それは、従来の学説で、もっとも排卵が起こりやすいといわれてきた時期と一致している。したがって、ここに繰り返し観測された特異なピークは、排卵に付随して起こる電気現象であると結論づけられるに至ったのである。

では、こういったピークがみられなかった、残りのふたつの周期は何なのかという疑問が残る。それはおそらく、サルにおいてはごくふつうにみられる、排卵を伴わない月経周期だったという説明がつけられるだろう。

次に、二匹のサルについて、受胎日から分娩までの六カ月間、毎週または隔週に電圧測定が行なわれた。サル以外の動物の場合は、妊娠二カ月目から測定が実施された。

妊娠が始まれば、測定値は検知できないレベルまで下がってしまう傾向がある。そして、妊娠三カ月目まで測定器のグラフは、ほとんど水平の直線を描くのである。妊娠第二週から三カ月目の始めまでは、子宮頸部の電位は負なのだが、まれに正になる例もある。妊娠開始から三カ月目までは、電圧はゼロ近くまで下がるが、以後上昇に転じ、この傾向が分娩まで続く。しかし、電圧測定でみれば、妊娠と月経周期のパターンが異なっていることは明らかなのだが、妊娠一カ月目までは、受胎を示す兆候がまるでわからない。

これらの事実は、ラットの発情周期に関するジョン・ボーリング博士の発見とあいまって、生殖器官の生理機能全般の情報を得る手段として電気測定法が有効であることを示している。

以上の実験のすべては、そもそもがある仮説、つまり生体が生物システムを構成する要素または下位の場が集合した統一的な動電場をもっている、という考えにもとづいて行なわれたものである。そして十分管理された実験条件のもとで得られた発見は、この仮説がおおむね妥当であることを証明しているといえよう。

生物システムを構成する個々の器官も、それぞれ固有の場をもち、それが全体の場の一部をなしている。そこに起こる変化はすべて、システム中のエネルギーの流れの変動によるものと考えられる。そしてこのエネルギーは、もともとは化学的に発生するのだが、その流れをコントロールしているのは組織全体の動電場なのである。

7　悪性腫瘍全般への応用

これまでみてきたように、電気測定によって、女性生殖器官の悪性腫瘍を探知できることがわかった。ならば次に、この方法を悪性腫瘍全般に応用してみようという発想が生まれるのも当然で、この線に沿った探求が引き続き行なわれることになった。

あらゆる生物システムの発生と成長の過程には、ある種の統御が存在する。そして、方向性というものが、きわめて複雑な生物システムの成長と分化をコントロールするうえで、大きな役割を果たしている。ある有名な動物学者が、こういったことがある。「生物システムの発生および成長は、〝有機体組織とともに存在し〟その生命プロセス全体を方向づける何者かによってコントロールされている」と。

この宇宙に関してわれわれが知っている数少ない知識の中に、物質の電気的性質のひとつである方向性または指向性といわれるものがある。場の理論によれば、生物システムの中のエネルギー変換の流れの極性と方向性を特定することは可能とされている。そして生物組織は全体として、こうした方向性に依存しつつ、その存続をはかっている。また、がんなどの生物組織の異常な増殖にも、この方向性というものがかかわっているのである。

しかしながら、エネルギーというものは、どちらに向いて流れようが、生物にとって基本的に必要なものであることには変わりがない。したがって、生物の成長と組織の発達の背後には、各種の力に加え、方向性をもたない化学変化および、エネルギー・フローに方向性を与える要素の二点が存在することを考慮する必要がある。

形態発生が方向性をもっているということは、まぎれもない事実である。組織全体がそうであるし、組織を構成するユニットひとつひとつをとっても同様なのである。そして、生物システムを構成するためにぜひとも必要なユニット間の関係、つまり、生物システムを単なるユニットの寄せ集め以上の有機的全体に仕上げる資質を組織に与えている関係、を包含するような一大方向づけが存在しているのだ。

こうした観点から、がんになりやすい性質をもったマウスの電気的特性に関する実験が試みられた。ここでとくに調べようとしたのは、異常な組織の増殖過程において、極性のベクトルに変化がみられるかどうかという点であった。

L・C・ストロング、G・M・スミス両博士の協力を得て、相当数のマウスを使った実験を週に一回のペースで行なうことができた。これらのマウスは次のような四つのグループからなっていた。

A　正常グループ（対照群）

B　乳がんの発生率が高い家系

C　発がん物質の影響を受けやすい家系

D　移植した悪性腫瘍が根づきやすい家系

これらのグループについて統計的に比較した結果、まず、対照群（正常なマウス）の電気的パターンが、他のグループと際だつちがいをみせた。また、B群とD群との間にも、電気的パターンに統計的に有意な差がみられた。しかし、電気的パターンの量と極性は毎日かなりの変動を示し、個体間の比較が困難なほどだった。これらの変動には、別の要因があることは明らかだった。

実験を厳密に行なうためには、飼料、水、温度などの条件を一定に保つ必要がある。そこで、これらの条件を慎重にととのえて、予備実験をいくつか行なってみたところ、個体間のばらつきをかなり抑えられることがわかった。そこで、実験条件を見直した末、実験をやり直すことになった。

H・S・N・グリーン博士の全面的協力のおかげで、約三〇〇匹にのぼるC38種族のマウスについて、胸部へのがん移植などを含む徹底した研究を行なうことができた。この移植は、グリーン博士自らの手で、マウスの右わきの下の部分に行なわれた。移植に使った悪性腫瘍は4578B－PXB－PXおよびMTHのラベルがついたものから取られたものだが、ほかにも正常なマウスの胎児や内臓の組織も移植に用いられた。

この実験では、麻酔をかけていないマウスの、左右のわきの下の間の電位を測定する方法がとられた。そして、マウスの口の中に電極を入れて、そこから電位差が検出された。左側のわきの下は何も特別な処置がなされていないので、そこは右側に対する対照群としての意味をもっていた。

この実験の結果には、次のようなおどろくべき規則性がみられた。まず、腫瘍を植えつけてから二四ないし二八時間後に電位変化が観測されるのが通例であり、その値は約一一日目まで一貫してスムーズな上昇を示し、五ミリボルト程度をピークとして、以後下降するというパターンをとるのである。

胎児に腫瘍を植えつけたグループでは組織の増殖が速いのだが、電圧変化の始まりはやや遅い。電圧は約六日目にピークに達すると、以降実験終了までにはゼロ近くに落ち込み、極性も逆転する。

増殖のスピードが遅い腫瘍の場合では、三、四日目から電圧変化が始まるが、一〇〜一一日目にみられるピーク値はせいぜい三ミリボルト以上にはならず、あとは徐々にゼロまで落ちてしまう。これらに対して正常グループの電圧変化は、実験期間中を通じて一ミリボルトを超えることはなかった。また、異物を植えつけられた側の部分は、そうでない体の反対側の部分に対して、つねに負の電位を示していたのだった。

これらのことから、悪性腫瘍の異常増殖を電気的に測定することが可能であり、しかもそれは十分な再現性をもっていることがわかる。増殖の速度が早い腫瘍は、よりゆるやかに増殖する腫瘍よりも電圧の立ち上がりが早く、ピークも鋭い。胎児組織では電圧変化のスタートは早いが、ピークに達する時期も早く、その後ゼロ・ボルトに落ち込んだあと極性が逆転し、ふたたびゼロに戻る。増殖のゆるやかな移植された腫瘍は、電圧変化が始まる時期も遅いが、以降の電圧カーブは急速な腫瘍の増殖曲線と並行した動きをみせた。

マウスを使ったこれらの実験からわれわれは、悪性腫瘍をもった女性の生命場に関する発見が確かなものであったという、貴重なうらづけを得たのである。

第4章❖さまざまな生命場

1　両生類での実験

人間の男女についての実験を行なうかたわら、われわれは他の生命形態についても動電場の探求を続けてきた。動電場というものが、ありとあらゆる生命に共通して備わっているものであり、高等生物に特有のものではない、という点を確認しておきたかったからである。

第1章でもふれたように、われわれはまず、カエルの卵を研究対象に選んだ。それは比較的シンプルな生命場をもっており、動電場が形態発生を統御するというわれわれの説を検証するのに適していると思われたからである。

塩水を入れ、電圧計に接続したマイクロ・ピペットを電極として卵を測定した結果、軸方向を縦に貫く電位差がみられることが判明した。次に、電圧がもっとも高い値を示した軸に、緑がかった薄青色の硫酸塩でしるしをつけ、観察を続けたところ、そこにはつねに神経系が発生してくるのがわかった。われわれは、場というものが生命形態をかたちづくる基本となる母胎であることの直接的な証拠を、そこにみたのだった。

カエルの卵に続いてわれわれは、明瞭な形態またはパターンをもち、発生と場の関係を調べるのに適している生物システムを探し求めた。検討の結果、脊椎動物の神経系がそのような研究に向いていると考えられた。これで、生物のパターンを決定するパワーもしくは法則の本質について、何らかの手掛かりが得られることを期待したのである。

こういう考えのもとに選ばれたのが両生類のサンショウウオだった。入手および飼育が容易であり、卵の状態から親になるまでの形態変化が詳細に観察できることなどが、そのおもな理由であった。

両生類はまた、神経系の発生の実験的研究にきわめて適する構造をもっていた。両生類は脊椎動物に属し、そのため、頭部と尾部、背中と腹の区別がつけられ、左右対称のかたちをしている。それは脊椎動物の神経系の、もっとも基本的なパターンなのである。

さらに両生類なら、顕微手術の手法を使って神経系の一部を切り取り、他の部分に移植して発達の様子をみることも可能であった。

こうしてサンショウウオを使って、数年間にわたり地道に積み上げてきた研究は、われわれの仮説の補強におおいに寄与したのである。以下に、その内容をみていくことにしよう。

2　サンショウウオを使った研究

サンショウウオを使った研究は、幼生の成長に関する実験から始まった。神経系の発生を追究すれば、われわれの場の理論を支持する結果が出そうに思えたからである。

まず最初に、オタマジャクシの段階において、有意な電気測定値がみられないかどうか知る必要があった。そこで、頭部と尾部の間の電位を長期間にわたって測った結果、幼生の成長と形態変化に伴って、特徴的な電位変化がみられることが明らかになった。

やがて、サンショウウオの神経系の縦軸が、電位と関係のあることがつきとめられた。組織の発生に関するこれまでの知識から推定されたように、その縦軸をはさんで電位も左右対称になっていたのである。

この点をさらに追究するために、サンショウウオの未受精卵を用いて、動物極*訳註1にコールド側の電極を固定し、卵の周囲にホット側の電極を移動させて測定を行なった。この段階の卵はまだ球形をしており、動物極と植物極のちがいがあらわれているほかは、ほとんど分化がみられない。

測定結果から、卵の赤道の一点に、動物極（北極にあたる）に対して顕著な電圧低下をみせる部分のあることが発見された。この場所にしるしをつけ、その後の経過を観察したところ、場の理論から予想されたとおり、そこはサンショウウオの頭部の先端になったのである。

未受精卵の段階ですでに、神経系の軸が決まっていたのだ。この状態は続く発生においてもそのまま維持されるが、おどろいたことに、受精以降は顕著な電位変化がみられなくなるのである。受精は重要なエポックだと思われていただけに、これは意外な結果であった。いや、卵の動電場は、受精という事件や精子の卵への侵入という重大局面においても、いささかのゆらぎもみせなかったのだ。このことから、生物のデザインというものが、発生の過程の客観的な記録である電気測定値と相関しているだけでなく、全発生過程を通じてはじめから終わりまで不変の要素のひとつであることがわかるのである。

生物の発生の不思議のひとつに、発生の方向のおそるべき安定性というものがあげられる。私の友人のある高名な学者が、こういったことがある。「胚の発生は、その全過程を方向づけるべく存在する、ある種の要素によって支配されている」と。そして、私の手元にある最新のデータが示すところによると、生物組織の場というものが、この発生における不変の要素のひとつであるという証拠があるのだ。

サンショウウオの実験では、銀／塩化銀電極をマイクロ・ピペットに封入したものがプローブ〔探針〕として用いられていた。以前イエール大学で一緒に研究していたレスリー・ニムス博士

＊訳註1＝受精卵の上方に位置する極で、中世以来この付近から神経系など、動物的器官が形成されると考えられていたので、この名がある。

（現ブルックヘヴン研究所）〔四七、五五ページ参照〕が、電極を離してみたらどんな結果になるだろうといったので、胚の表面に接触させていた電極を引き離してみた。すると、電極が生体に接していないにもかかわらず、その電位変化は依然記録され続けたのだった。実際、胚本体の表面より一～一・五ミリボルトの電圧低下がみられただけで、従前どおりの観測が可能だったのである。

これは、たいへんなことである。というのは、胚の周囲の液体を突き抜けて、胚の場の特性が伝わってきていることを示す証拠にほかならないからである

この現象の原因、つまり、生物本体から離れた位置にある電極にキャッチされる電位変化を起こす源は、場の活動以外に考えられないのだ。ここで、場の件はすこし棚上げにして、バッテリーを電気を通しやすい物質の中に入れた場合のことを考えてみよう。この場合は、まわりの導体の電気抵抗が低いために、バッテリーのプラス、マイナスの両極間がほぼショートした状態になり、たちまちバッテリーは消耗してしまう。ところが胚の場合は、実測したデータでみる限り、バッテリーが存在するのと何ら変わらない電位が発生しているにもかかわらず、胚の場の特性は液体中でも、衰微するきざしすらないのである。

場の性質をさらに詳細に調べるために、引き続き実験が行なわれた。それは、次のようなものである。サンショウウオの胚をふたつの電極の間で機械的に回転させて電位変化を記録すれば、胚の各部位に対応する電圧勾配の姿が浮かび上がるだろうと考えられた。そこで、なかば成長したサンショウウオの胚を、特別に用意した回転台の中に入れ、高入力インピーダンス増幅器とG

E社製光電子記録計を使って観測を行なった。
その結果がまた、おどろくべきものだった。回転する胚からの電気出力は、きれいな正弦波（サイン・ウェーブ）を描いたのである。その周期はむろん、機械的な回転スピードと同期していたのであるが、これは場の軸というものが、発生の全過程を通じて不変であること、また、記録された電位が胚本体から生じたものであり、そこからかなり離れた位置にある電極にキャッチされていることのあかしであった。

事実確認のために、次のような対照実験が行なわれた。生きた胚のかわりに不活性なガラス棒を入れて、同じ実験条件のもとで回転させて記録をとったところ、電圧計は何の変化もみせず、水平にのびる直線があらわれるだけであった。さらに念を入れて、こんどは銅の棒の一端にハンダの頭をくっつけて、一種の「ロボット」をつくり、実験を行なってみた。このように二種類の金属を接合させた棒では、金属間に電位差が生じ、電流が発生するのである。この「ロボット」を回転させたところ、胚の場合と同様のサイン・ウェーブが記録された。ただひとつちがうのは、異種金属間で化学的に発生する電圧のほうは、時とともに減衰してしまうという点である。生物なら、そうはならないのだ。

サンショウウオの成体を使った実験も同様に行なわれた。食塩水を満たした丸いプレートにサンショウウオを入れ、電極をプレートの縁に向かい合わせに配置して、プレートをゆっくりと回転させながら測定するのである。

サンショウウオの電場が陰と陽のふたつの極性をもっているために、プレートといっしょに回転させれば、ちょうどそれは発電機の回転子《ローター》のような役目を果たすようになる。したがって、電極の間を回転することによって、それはひじょうに低い周波数のミニ交流電流を発生するのである。興味のある方は、回転するスイミング・プールに人間の男女を入れ、「人間発電機（！）」が実現できるかどうか、ためしてみたらいかがかと思う。もっとも筆者の研究室には、提供できるスペースも設備もないのが、じつに残念である。

3　生命活動を方向づける電圧勾配

これまでの実験から、生物システム本体の電流を消費しないように注意して電圧勾配を測定すれば、真の動電場の姿を効果的に浮かび上がらせることができることがはっきりした。また、測定にあたって、電極を生体にじかに接触させる必要がないこともわかったので、アレグザンダー・モーロ博士（現ロックフェラー研究所）の協力のもとに、カエルの座骨神経を使った、ある厳密な実験が行なわれることになった。これは、生物体の小さなパーツの場の性質を調べる目的で企画されたものだった。

場を精密に理論化しようとすれば、神経周辺の疑似静電場の存在を実験的に証明する必要がある。そういう予備的な実験報告もあるにはある。そこでは、静電場の存在を肯定するような結果が出ている。だが、場の本質についての記述はまだまだ不十分で、今後より突っ込んだ研究が必要だろう。

モーロ博士が開発した、ある独創的な技術を用いて、カエルの座骨神経の活動が調べられた。ここで博士が使用したのは、入力インピーダンスが一〇〇〇メグオームの前段増幅器で、出力はCRTディスプレイ画面に映るようになっていた。これらの機器で、神経切片を通過する刺激を、電極を神経本体と非接触のまま、しかも測定できる範囲で距離を保ちながら観察することができた。その結果、神経が興奮する際、ある種の力が、神経組織の内部のみならず、外部からも測定できたのである。

こうして得られた結果は、生物の場の性質に新たな光を当てるものとなった。生命場とは事実上、疑似静電場であることがしだいに明らかになってきたのである。当初は生物組織の場を一般的に「動電場」と呼んでいたのだが、いまや、もっと明確な定義づけができるような段階にきたのである。こうした場の測定から、神経が興奮する時に神経内部だけでなく、神経の外部にも存在する力《フォース》があることがわかる。

そこで、これまでデータが収集されてきた両生類や植物(のちほど述べる)の、どちらかといえば静的な場の測定記録に加えて、実際の生物活動に伴う場の変動の記録をとる必要が生じてきた。脳波や心電図もこれと同じ性質の現象であることには変わりがない。そしてある意味では、いままで観察された記録も、別に意外なものではないともいえる。しかしそれも当然で、それらはすべて、生物システムの場の特性の、別の断面にすぎないからである。

ここにいう場には、別に神秘的なものなど、なにもない。さらに、それはエンテレヒーやエラン・ヴィタール*訳註2などの別名でもない。生命場は、正確に測定することができる現実的概念であり、無生物世界の場と同様に考えることができるのだ。

物理学でいう電場は、ひろく認知されているだけでなく、その応用面もめざましいものがある。物質界の場は電荷間に働く力として定義されている。それはある意味で、物質間の関係を量的に示したものであるともいえる。生物システムにおいても、構成物質自体は無生物のものと同じであり、したがって場から受ける作用も同じと考えてよいだろう。ただちがうのは、生物においては、きわめて複雑な方向に作用するという点なのだ。

生物組織を構成する物質間の関係は、物理学で原子と原子の関係の説明に用いられて成功しているように、場の性質を用いて説明することができそうだ。

ここで重要なのは、静電場が存在するためには、電荷というものが不可欠だということである。逆に電荷も、場がなければ存在しない。両者とも、物質の基本的性質の両輪をなすものである。生命組織においては、電荷をもつ化学物質のあるところ、当然ながら、場もまた存在していなければならない。

生命活動はけっして、静かに進行してはいない。それは活発で、ダイナミックである。この活動を支えるにはエネルギーが必要で、それを供給するのが生物システムの化学作用である。しかし、エネルギー自体は量的な性格のもので、それがどっちに向かって流れるかを決定するのは、別の要素である。一般的に、エネルギーはシステムのエントロピーを増大させる方向に向かうというのが、熱力学の第二法則といわれるものだ。

これまで観察したところでは、エネルギーの流れは電圧勾配によっても方向づけられているようである。むしろ、熱力学第二法則が、電気的なみちしるべを与えられることによって、その影響力がより強化されるようにみえる。そのうえこの電気標識は、生体内の、あの複雑な化学変化の中でも、驚異的な安定性を保っているのだ。方向性をコントロールするうえでのこのような安定性は、成長下にある組織がもつ不思議な特性のひとつである。疑似静電場は、ゆっくりと変化しながらも存続し続け、ある程度まで生物の成長に必要な方向づけを行なっていると考えられるのだ。

モーロ博士の協力で行なった実験は、われわれの当初からの直感が正しかったことを証明してくれたといえよう。

＊訳註2＝フランスの哲学者、アンリ・ベルクソンが提唱した生命の本質をあらわす概念。「生命の飛躍」などと訳される。

4　生物の一生と電位変化

われわれの生命場探求の旅は、次に海生生物であるポリプの一種、オベリアをとりあげることになった。この研究プロジェクトについては、ランケナウ病院付属研究所・海洋実験場の故F・S・ハメット博士の協力を得て実施されたものである。

研究に使う生物はケープ・コッドにある実験場で採集されたものを使い、群体としてもっとも成熟した段階までのライフサイクル全体について電位を測定した。その結果、原基の段階から完全な動物としての機能をもつに至るまで、成長に並行するようにして、電位が徐々に上昇するのが観察された。電圧のピークは摂食時にみられ、老化とともに電圧も衰微していった。そして老化が極限に達し、分解が始まるとともに極性の逆転がみられた。

測定結果を総合すると、生物の成長度に比例して電圧が推移するのが観察されており、電位変動がライフサイクルを反映するという事実は、疑いないものといえる。この研究は、今後に多くの探求すべき課題を残している。

ここで研究対象としたポリプは、そのライフサイクルが比較的短いため、生物の一生の実験モデルとして、まことに都合のよいものであった。ここで得られた結果から類推すると、電位は生物の成長とともに高まってゆき、成熟がピークに達した段階で、電位も頂点を極めるようだ。

そして老化の始まりとともに電位も低下し始め、個々のヒドロ虫[*訳註3]の死までそれは続く。全体をとおしてみると、生物の一生の最初の三分の一までは、電位は一定の速度で上昇し続ける。次の中間期になると、それまでの上昇は止まり、電位カーブは水平になる。そして最後の三分の一、つまり老年期に入ると、電位は下降に転じ、生命の終焉とともにゼロになる。

この研究から、生物システムの成長と電位の間に、密接なかかわりのあることが明確になったと思う。しかし、動電場仮説の真の値打ちはこれだけではない。生物組織の形態およびデザインが、生物システムの電気的特性によってコントロールされているというのが、われわれのもうひとつの核心をなす主張である。

5 遺伝と電気パターンの関連

次に紹介するのは、故エドムンド・W・シノット教授の全面的協力のもとに実施された、ウリ科の植物の電気パターンを調べる研究である。シノット博士は植物の専門家として、ヒョウタンの形が細胞に内在する形態形成機能によって生じたものではないという点に注目していた。ウリ科の植物は特徴的なブロック構造をもっている。そして、これらのブロックからできているヒョウ

＊訳註3＝ここで観察対象になっているのは、サンゴのような、ヒドロ虫という腔腸動物が集まって群体をつくっている生物である。

タンの形は千差万別である。ちょうど、どれをとっても同じサイズ、同じ形のレンガを使って、いろんな形態の家を作ることができるように、全体のデザインはまったく外的要因で決まるのである。

ここで測定に使用したのはシノット博士から提供されたウリで、実の形が細長いもの、丸いもの、平べったいもの、という三種類が選ばれ、子房の電位が記録された。記録を評価した結果、電位の量については実《み》の容積とほとんど相関がみられないものの、容積比と電位の比とは、かなりの相関があることがわかった。

実が大きく育つにつれて、三種とも電圧勾配は逆に減少する。一方、電圧勾配と実容積の比は、細長い種類については増加し、平べったい種類は減少、そして丸いものについては変化がなかった。

このような多様性が生じる原因については、実の成長に伴ってあらわれる形態パターンと電位差の間に関係があるのではないか、とも考えられる。じつは動物でもこれと同じ事実がみられ、同様の説明がなされているのである。これらのデータが植物形態学の研究者たちに提供され、彼らの手で十分な検討が加えられたなら、きっと「実り豊かな」結果が生まれるだろう。

事実、植物学者であるシノット教授との提携は、とりわけ実り多いものとなったのである。教授は、植物の成長過程の電気測定について数多くの提言を行なっているが、そのうちのひとつが当時イエール大学植物学科の大学院生だったオリヴァー・ネルソンおよびコネティカット農業試験場の協力を得て、実地に移されることになった。それは、一粒の種子について電気測定を行なおうというアイデアで、対象には今後の応用も考えて、サトウモロコシの種子が選ばれた。

この研究には、コネティカット農業試験場から四つの純粋種と三つの雑種の二系統の種子の提供を受け、かなり長期にわたる研究が行なわれた。種族の差はかなり大きくあらわれ、雑種の間には雑種強勢〔雑種の第一代が親よりもすぐれた性質をもつこと〕の程度に差がある。これらの種子は、ひとつを除いてP－39という、やや小ぶりの変種に属しており、形はちがうがみな同じ遺伝子をもっている。

もし電気パターンが何らかの影響力をもっているとすれば、それは種子間の差異となってあらわれるはずである。そこで測定結果を統計的に分析したところ、じつに興味深い現象がみられた。それは、遺伝子がひとつ変われば、子の代に電気パターンの著しい変化をきたすという事実だった。親の系統のものと、子の代の変種を比べたところ、電位の平均値に相当の差がみられるのである。つまり、遺伝と電気パターンは密接に関連しているという結論が、この測定結果から導かれるのである。この線に沿った研究が今後行なわれれば、染色体の情報を細胞原形質に伝える媒体のひとつとして、動電場の存在が必ずやクローズアップされてくるものと思われる。

トウモロコシの種を使ったこの研究では、縦軸に沿って電位勾配が測定されたのだが、ここで最初に計器にあらわれる測定値は、瞬間電位または一次電位と呼ばれるものである。一次電位があらわれてからしばらくすると、電位はもっと低い値になり、そのまま数分間かなり安定した値を保つ。

一次電位は、明らかに種子の生命力の強さと関連している。だが、種子の成長との関連については、いまひとつはっきりしない。その一方で、平衡電位は生命力との関連はみられないものの、その個体にもともと備わっている、発生のための機構と関連しているようだ。だから、電位計さえあれば、だれでも成長力の旺盛な、良質の種を選別できるのである。さらに、この電気的特性は子孫の代にも受け継がれていくのだ。したがって電位計は、品種改良への応用をはじめ、これからの農業にとって有用なものとなるだろう。

トウモロコシの種を使った研究で発見された事実は、古くからの重要な問題へとわれわれをいざなう。それは、生命の発生機構とは何なのか、また生命が存続できる環境とはどういうものかという問いである。

6　ミモザによる研究

この問題を考える上で役立つと思われる実験が、敏感な植物であるミモザ（オジギソウ）を使って行なわれた。ミモザは、すこし触れただけで一時的に葉を閉じてしまう性質でよく知られている。だから、葉が閉じた時の電気的特性を測定すれば、生物システムの環境変化と電気的特性の関係を知る手掛かりが得られるのではないかと期待されたのである。

生物の体内には数多くの境界面が存在し、この境界面によって電位差が発生することが、定説となっている。そして、境界面における膜電位は、界面をはさんだ電解質の濃度のちがいによって発生するとされている。生物以外のシステムなら、この電位はイオンが平衡状態になるに伴ってゼロに近づいていくのだ。いずれにせよ、電位差が生じ、変動する原因については、界面をはさんだイオンの移動と濃度とによって説明されているのである。

生物体にあっては、無生物と物理化学的状況が多少異なり、電位差は時間とともにゼロになるようなことはなく、ある一定の値に落ち着き、おどろくべき安定性を示す。このように電位レベルを恒常的に維持するためには、前提として不断のエネルギー補給がなくてはならない。その補給は大部分、化学反応によると考えるのが自然である。そして、この化学反応を統御しているメカニズムのひとつが電位差であると考えるのも、あながち荒唐無稽とはいえない。

この問題をすこし別の角度からみるならば、生物システムにおける全エネルギー入量は一部、新陳代謝による化学変化としてあらわれるとともに、他の一部は電位差というかたちをとって蓄えられると考えることもできよう。この仮定が正しいとすると、活動中および休止中のそれぞれの場合の電位差を測定すれば、その差の値は、生体が即時に利用できるエネルギーの一般的レベルをあらわすことになるはずである。

生体が休止している間、電位計には直流電圧が記録される。だが、細胞原形質が神経伝達や筋肉の収縮など、いったん何らかの活動に入れば、その最初の兆候は、蓄えられていた電気エネルギーの突然の低下となってあらわれる。これに続いて、こんどは化学反応が動員され、元の電位レベルへの回復がはかられるのである。

そういうわけで、生物における直流および交流現象の研究から、基本的な生命活動の情報を直接得ることが可能になるだろう。複雑な動物組織では、それはきわめて困難なことであり、あまり急速な進歩は期待できそうにないが、動物よりシンプルな組織をもつ植物なら、アプローチは現実味をおびてくる。われわれがミモザを研究対象に選んだのは、こうした理由にもとづくのである。

実験結果の中でもっとも興味深かったのは、ミモザに刺激を与えて得られた電気的反応が、動物の脊椎神経の活動電流ときわめてよく似ていたことであった。もっとも、ミモザの反応のほうが量的にずっと大きく、時間も秒単位とかなり長かった。

この実験では、火であぶる、切る、つぶす、九〇ボルトの電気ショックを加える、などの刺激を与えたあと数秒ほどで、しだいに負方向へと向かう波形がホット側の電極にとらえられた。波形のピークは六〇〜七〇ミリボルトに達したあと、元の水準に復帰していった。しばし、元の水準を割り込むこともあった。この記録をみると、神経活動のスパイク電流にじつによく似ているのである。電流の持続時間は二〜三秒から五〜六秒であるが、若い元気のある植物ほどスパイクの持続時間が短くなる傾向がある。スパイク電流が消えたあと、正の電位があらわれるが、これは数分から数時間にわたって持続する。

動物では、神経インパルスの伝達率が神経軸索の直径に比例することがわかっているが、ミモザでは解剖学的にどういうことがいえるのだろうか。ミモザには液体がつねに充填《じゅうてん》された管があり、これが神経突起に似ているといえないこともない。これらの管束は表皮の下の細胞の、多くの層で保護されている。測定にあたっては、電極は表面細胞に接触させており、管そのものではないことに留意してほしい。それでも、システム全体としては導電性が示され、測定された記録が縦に走っている管束から得られたものであるのは、はっきりしているのだ。

ミモザの、この縦に走る水路には、いろいろなサイズのものがあり、厚めの壁でおおわれている。それらは中心部分に位置し、たくさんの細胞層にとりかこまれている。花軸部では、管の位置がかなり外辺寄りになり、花梗《かこう》〔花柄《かへい》。花軸より分かれて出ている小枝。その先に花をつける〕に向かって円周方向に拡散していく。この部分では、管のサイズに目立った変化はないが、花梗では水路の数も多くなり、サイズも拡大してくる。そこでは表面に近く、細胞層もかなり薄くなってくる。もし、これらの水路となる管が刺激を伝達するものなら、管の大きさのちがいが電気的特性の差となってあらわれるかもしれない。

ミモザを使って行なわれた研究から、動物の神経系のように、インパルスの伝達率が管路の直径と関係しているらしいことが示された。この点については、今後もっと探求を続ける必要があると思われる。

観測された持続電位が、活動のために消費されるエネルギーの貯蔵量をあらわすものであるとしたら、実験的にミモザに加えた刺激のようなものが入ると、一瞬にして貯蔵の吐き出しがみられるはずである。事実、そのような反応が起こる際には、中心部に対して周囲が正であるような電圧勾配がみられるのだが、それは、電気エネルギーがあるレベルまで蓄えられていなければ、反応が進まないということを示している。そのレベルが十分高ければ、刺激によって貯蔵エネルギーが解放され、独特の電気特性をもった活動波の伝播がみられるのである。ミモザを使ったこれらの実験に刺激を受けた、あるインドの高名な動物学者など、植物には心がある（！）との考えをもつに至ったほどだ。

これまでに得られた一連の興味深い実験結果は、次のことを明らかにしたといえるだろう。それは、生物システムの電気的特性が、生物システムの構成全体と直接的な関連をもつ一方、物理的または化学的変化によって部分的に変容するということである。もっとも、この変容は反応の量的側面にあり、パターンそのものまで変わってしまうわけではない。これは、電場が適量の刺激により変動することがあるが、根本的変化にまでは至らないことを示している。

7　原形質と動電場

われわれの発見の旅は、人間の、もっとも複雑な動電場の探求に始まり、よりシンプルな生命形態である動物、卵、種子、草木にも、動電場が備わることを見出してきた。この探求の旅をさらに推し進めていけば、もっともシンプルな生命組織である原形質にたどり着かざるをえない。

原形質に動電場が発見されれば、それが生物を構成する基本的素材であるという点で、また、あらゆる生物が動電場を保有するという証明につながることから、たいへん重要であるといえる。

神経を興奮させる刺激がどのようなものであろうと、そこで基本的に必要とされるものは、原形質が複雑な化学反応の末に生みだすエネルギーであることに変わりはないのである。

それゆえ、原形質の基本的特性について、より多くの情報を得ることは、それだけ神経系の機能について理解を深めることにつながるのである。

今度もシノット教授の提言にもとづいて、変形菌の一種であるモジホコリカビの、ひじょうに簡単な構造の原形質の電気的特性を調べる実験が行なわれた。このカビは、実験環境下でも容易に成育し、特有の成長パターンをみせる比較的ありふれた種類のものである。その原形質は、絶えず流動しているのでよく知られており、これまでにも多くの観察例がある。この菌は細胞が融合し、細胞質が混合した結果できたシンチウムと呼ばれる多核体で、内部には細胞壁がみられない。また、成長に伴って多量の原形質塊が得られることから、電気的特性を調べるのに、まさにうってつけの原形質といえた。

この研究には、次の三つの主要な目的があった。その第一は、原形質流動と電気的特性の関連の有無を調べること。第二に、これはミモザの実験結果から生まれたことだが、さまざまな刺激に対する原形質の物理的または化学的反応を調べること。第三に、変形体[*訳註4]が外部環境にさらされ

＊訳註4＝変形菌類の多核の原形質体。アメーバ状で、著しい原形質流動を行なう。のちに子実体へと移行し、胞子を形成する。

た場合の変化を調べることである。原形質をとりまく電気的環境の変動が原形質そのものに影響を及ぼすという数多くの証拠が、既存の研究論文の中でも示されているのである。

実験にあたっては、銀／銀電極、高入力インピーダンス増幅器、記録用電流計の使用に加えて、映画による記録も行なわれた。

顕微鏡を使ったこれまでの研究では、六〇～七〇秒ごとに、原形質の流れの方向が変わるのが観察されただけだったが、今回、映画と電気測定の組み合わせによる記録をとってみて明らかになったのは、大半の例において、原形質流動の方向が変化する直前に、電圧の極性の逆転という現象が発生するという事実である。このふたつが同時に起こることも多いのだが、この現象が、今後さらに追究すべき重要性をもったものであることは、まちがいない。

極性の変化が原形質の流れの変動によってもたらされたのか、あるいはその反対なのかという点について決着をつける必要があるのはもちろんだが、そもそも原形質の流れを変える力とはどういうものなのかを教えてくれる文献は皆無だ。しかし、この現象が生物システム全体の成長とかかわりがあるのは、まちがいないようであるし、部分的には変形体の、エネルギー源または食物の探索行動に関係しているようである。

原形質流動の速度は、ある程度、環境の温度によって決定されている。この関係を示す正確な記録はないのだが、気温を下げれば、それに比例して原形質の移動速度が遅くなるという観察例がある。また、原形質が目にみえる動きをしていないときでも、電気の極性の転換がみられた例はあるが、逆に原形質が運動しているときに電気的変化がみられないということはなかった。

電気的環境の変化が原形質に影響を及ぼすことは、ルンドらの研究でよく知られていたが、近年ではアンダーソンの手になる研究がある。われわれはアンダーソンの研究の追試を行ない、より多くの情報を得ることができた。われわれは電気的環境を変化させて変形菌の極性を転換させ、それが変形体の前進にかなりの程度、ブレーキをかけることを確かめたのである。そして、外部の電場を元に戻すと、変形体の成長方向も逆転するのがみられた。どんな場合でも変形体は、電場の負方向に向かって成長を続けたのだ。いいかえれば、変形菌は、ある条件のもとでは、電気的環境の変化にしたがって、その原形質システムにおけるエネルギー・フローの方向を変えるのである。

最後に、変形体に刺激を加えた場合の電気的変化の有無という点については、記録装置にCRTディスプレイを用い、画面の写真記録と併用するかたちで実験が行なわれた。ここでもまた、原形質の物理環境の変化が、原形質にとって適度の刺激として作用することが示された。電極で変形体の一部をつついてみたところ、かなりの電気的反応が返ってきたのである。

しかし、神経系の場合とちがい、変形菌では刺激の強さと原形質の電気的反応の大きさの間には、密接な関連がみられるようであった。だが、この刺激と反応の関係にも、刺激がある強さ以上になると、もはや出力電圧の増加がみられなくなる「高原値《プラトー》」が存在する。この点でも、神経細胞の原形質の、興奮するかしないかというような二者択一の反応とはちがっている。

これらのデータは、シンプルな形態の原形質の中には、神経系にみられるのとたいへんよく似た特性をもつものがあるという考えを補強するものであった。ニューロンも変形菌も等しく原形質という、基本的に同じ素材からできているわけであるから、これは予想されたことといえよう。どんなに原始的な原形質でも、生存という目的のために、環境変化をキャッチし、あらゆる刺激に対し一種の関連づけ、整合、統合などの処理を行なったあと、それを内部のすみずみにまで伝達し、われわれにもはっきりわかるかたちで反応することができるのだ。これらの原形質の基本的特性は、神経系が分化していく中で、強化されたり、特殊化していったりすることがわかる。

化学的環境の変化も、当然無視できない要素である。たとえば、プロカイン〔局所麻酔薬として外科手術に用いられるもの〕の二パーセント溶液を一滴、変形体に垂らしたとすれば、その反応はたちまち極性の逆転となってあらわれる。これがただの水であっても、結果は同じことだ。しかし、数分後にまた同じ刺激を繰り返すと、反応はずっと少なくなり、乱れも生じてくる。

プロカインを新鮮な水で洗い流せば、再度の刺激にも反応が得られるが、それは前の反応よりかなり強くなる。プロカインが原形質に吸収される可能性もあるのだが、洗浄による元の状態への迅速な復帰と反応の増加とを考えあわせると、やはり表面からの吸収があったという可能性が高くなる。

これは変形菌が、化学的環境の変化の原形質に対する影響を調べるのに適しているということを示すものである。一般的にいって、物理的または化学的環境の変化と変形菌の電気的反応との関連は、神経組織の特性とひじょうによく似ているのである。

＊　＊　＊

本章で紹介した実験は広範囲にわたる生命形態を網羅しているが、それらのすべてにおいて動電場が見出されたのであった。しかし、この科学の冒険は、われわれに息つくいとまもあたえず、次の新たなる目標に向かって、われわれをいざなうのである。

第5章❖動電場という道しるべ

1　外傷の治療への応用

動電場が生体のさまざまな状態をさし示す、いわば「道しるべ」としての役目を果たせると信ずべき、確かな理由がある。それは、これまでさまざまな実験を通じて、われわれの基本的仮定がまちがいでなかったことが確かめられているからである。その仮定とは、生物組織では、その組織を構成する各部分それぞれの場が集合して、ひとつの全体としての場を形成しているというものである。そこから、第3章の排卵と腫瘍のところでみたように、これら下位の場に起こる変動が生物システム全体のエネルギー・フローの変動を引き起こすのだ、という推測が生まれてくる。われわれは、この点をさらに追究することにしたのである。

イエール大学医学部のサミュエル・ハーヴェイ、およびマックス・タッフェル両博士と共同で、末梢神経系の電気測定値と全身の生理的状態の関連についての研究が始まった。また、R・G・グレンネル博士の協力のおかげで、われわれは、いわゆる表面電位と末梢神経系の損傷について、特別の研究を実施することができた。

実験を行なう中で、末梢神経の活動が表面電位にあらわれるということが、人間と実験動物の双方で確かめられた。この電位は、節前の交感神経系の切除によっても影響を受けず、血管の収縮や発汗作用とも無関係だった。

また、神経と組織の間に電位差から明確な関係がみられることが、すぐに明らかになった。それは神経機能の量的テストに応用することができた。このテストは簡単なので、臨床現場でも容易に行なうことができる。

尺骨神経や座骨神経の正常な機能が、薬物または外傷によって損なわれた場合、当該の神経が支配している部位に接続した電極には、逆相の定常波があらわれる。このような関係のメカニズムを解明することは、とても重要である。循環系が関係しているとも考えられるが、交感神経系を切除しても反応パターンは変わらないことから、その可能性はなさそうだ。しかしながら、交感神経切除はすべて、神経節前で行なっているという事実があるので、ことの決着をつけるには、さらに研究を積み重ねる必要がある。

実験的に、血圧計を使って前腕と掌の血流を突然止めたり、再度流したりしても、電位にはほとんど変化がみられない。つまり、循環系の正常な機能を停止させても、定常電位に影響するようなことはない。

さらに付け加えると、リヒターらの実験から、高感度電圧計は測定対象となる生物システムの電気抵抗の変化に影響されないということが判明しているので、皮膚電気抵抗値や発汗は、電位変化と無関係なのである。これらのことから、交感神経系が電位変化をもたらす可能性はないといえそうだ。しかし、交感神経系の一方だけを切除すると、その支配を受けなくなった側と支配を受けている側との間に電位差が生じた、というデータもある。だから、電位測定は、発汗や循環系の反応に影響されない、末梢神経機能テストの基準となりうるのである。

これら生体の、未知なる電気的性質に対する探求の試みは、しばしば実用化への道を模索する試みでもあった。外傷の治療への応用などが、その一例である。

故サミュエル・ハーヴェイ博士とマックス・タッフェル博士は、人間や実験動物を使って、傷の治癒の研究を行なってきた。研究の過程で両博士は、ケガの治りぐあいが繊維芽細胞*訳註1の増殖と密接にかかわっていることに注目した。細胞の数が増えるということは、それだけ活性度が高くなっている証拠でもある。ハーヴェイとタッフェルはのちに、時が経つにつれ組織の抗張力が増加することも明らかにした。

この増殖が続くのは、ほとんどの場合、傷の発生から八〜一〇日間のことである。ただ、ビタミンCが欠乏している動物の場合は、増殖の様子も変わってくる。抗張力の増加については、次のようなふたつのプロセスがかかわっている。第一点が細胞分裂であり、第二点が細胞分化である。通常の発生においては、このふたつが同じ細胞で同時に進行することはない。各細胞はある期間、繊維芽細胞のように、一群の細胞グループと共同歩調をとって分裂を繰り返すが、ある時期から分化を開始するようになる。成長が進むにつれて、新しい細胞が分裂に加わり、やがてそれらもまた分化し、こうして新しい組織が形成されていく。今までは顕微鏡を用いた研究以外に、このふたつのプロセスを識別する手段がなかった。だが、ここで電気測定技術という、新しい手法が登場してくるのである。

2　モルモットの傷の治癒と電位変化

今回、傷の治癒の研究に使用された実験動物は、モルモット（ギニアピッグ）だった。われわれはモルモットを、食事を制限したグループおよび規定の食事を与えたグループの二種類に分けた。そして、動物の体の一部の毛を剃って皮膚を露出させ、その頭部に近い側と尾部に近い側の間の電位を測定した。

まず、モルモットを一匹ずつ電位を記録したあと、皮膚とその下の筋膜に切り傷をつけ、すぐに縫合した。それから、二週間または傷が癒えるまでの間、毎日一連の測定を行なった。なかには、

＊訳註1＝繊維性結合組織の主要部分をなす細胞。膠原繊維の形成に関係があるともいわれている。

あまりに完璧に傷が治ってしまったので、傷の位置がわからなくなってしまったものもあった。

こうして得られた測定データから、正常な皮膚と傷ついた皮膚との間に、顕著な差異がみられることがわかった。なかでも注目すべき発見は、傷口の電位が正常組織に対して、いつまでも負の値をとらなかったことである。これは理論的に予想されていたとおりだったのだ。傷がつけられてから二四〜二八時間までは電位はどんどん上昇を続けるが、以後急激に下降に転じ、三〜四日目になると負のレベルになる。そして、八〜九日目には、電位は負の値でピークとなる。この状態を二四〜二八時間続けたあと、いったん電位差は低下し、一一〜一二日目からふたたび上昇に転じる。一二〜一四日目まで、こうした電位の上下が繰り返され、一五〜一六日目になって電位は通常レベルに復帰する。

ハーヴェイとタッフェルは傷の抗張力のデータをとっているが、そのカーブは面白いことに、今紹介した電位変化のカーブとほぼ並行した曲線を描くのである。そして八日目には、その数値が「高原値《プラトー》」に達する。これらの測定結果が示しているのは、八日目から、成長と分化が逆転していることだ。それまでの成長中心から、分化への移行が始まるのである。測定値にあらわれたこの変化は微妙なものだが、統計的には十分有意なものである。

この問題の探求をさらに深めるために、条件をすこし変えて、二回目の動物実験が行なわれた。今度は三〇〇匹のモルモットが使われ、そのうちの一〇〇匹が、前回の実験とは異なるのだが、通常の食事管理を施された。そして、従来どおり右わき腹に傷をつけられ、経過が観察された。

その結果、成長と分化の入れ替わりについて、ふたつの実験シリーズの間にみられる一致は、じつにおどろくべきものであった。残りの二〇匹については、ビタミンCが欠乏した食事が与えられ、人工的に壊血病がつくられた。そして、このうち一〇匹に傷がつけられた。その結果、これら三グループ間の電位変化には共通した傾向がみられたのである。

傷をつけなかった壊血病グループは、実験期間中かなり一定した電位を保っていた。一方、傷ついた壊血病グループのほうは、電位差の絶対量が少ない点を別にして、正常グループとよく似た電位変化がみられた。さらに、通常の食事を摂った傷つけたグループにみられるような、電位の立ち上がりの遅れが観察されたのである。これらの事例にみられるように、モルモットの傷の治癒における成長と分化を、電気的測定により把握することは可能なのだ。またそれは、最初の段階を除いて、成長プロセスばかりが継続するのではなく、八日目以降は分化期に移行することを示唆するものでもある。

3 人間の傷の治癒と電位変化

同じ研究チームの手で、いよいよ人間の傷の治癒がとりあげられることになった。研究対象としたのは、ケガの治療以外の目的で行なわれた二五例の外科手術で、それらには感染症の兆候はなかった。電位測定に際して、傷の直近と、やや離れた個所の二点に電極がセットされ、手術の翌日から退院するまで毎日記録がとられた。患者の退院までの期間は、通常二週間程度だった。

個々の例の測定結果を比較してみると、かなりのばらつきがあった。この程度のばらつきは動物実験でも同様にみられた。電気測定データには、このような幅のひろい分散がつきものだ。だから、データの数は多いほどよい。しかし、データを全体としてながめると、ある明白な傾向があらわれていた。

じつは、モルモットの実験でみられた、いわゆる「誘導期」に相当する、約四日間にわたる正電位の期間があるのだ。それはマウスの発がん刺激実験にもつきものの現象である。これが過ぎれば増殖期に移行するが、電位は負となり、七〜九日の間に最大値となる。負電圧が最大になる時期はまた、傷口の抗張力が最大になる時期とほぼ一致する。この負電位の上昇という現象は、他の動物や、がんにもみられる負電位の上昇と関連があるのだろうか？

一〇日目が過ぎる頃ともなると、傷はほとんど治っている。この時点から電位はしだいに低下し始め、やがて通常の基線まで復帰する。これらの人体を対象にした電位測定にもとづく実験は、動物実験の場合とよく似た結果を示し、傷の治癒の過程は一種の成長の過程でもあるという考えを補強するものとなったのだ。

4　精神病患者の測定

この実験では、外科手術後、傷が治癒するまでの経過を計器でとらえることに成功したのだが、その間に、どういうことが実際に起こっているのかを解明することが、次にわれわれに与えられた課題だった。正常な人間の治癒のメカニズムを日々の経過にしたがって調査するというこの目的のために、一〇名の医学生グループが被験者役を買って出てくれた。

長期にわたった研究の結果、被験者の医学生たちが、三つのグループに分けられるということが明らかになった。第3章で紹介した例のように、両手の人差し指間の電位によって、被験者たちは、つねに高電位を示すグループ、低電位グループ、そしてその中間のグループに分類できるのである。

この中にひとりだけ、とびぬけて高い電位を示す学生がいた。調べてみると、彼には情緒不安定の来歴があることがわかった。それでもこのときは、実験に参加してもさしつかえないとされていたのだが、年末が近づくにつれ、この男性は精神病の兆候をあらわし、やがて病院に収容されてしまった。

この事例にでくわしたおかげで、精神障害などのような、正常から逸脱した行動について研究してみようという気運が生まれたのである。そこで、精神科の故ユージン・カーン博士の協力を得て、以前から精神科のスタッフたちによって観察が十分なされている患者を選び、長期にわたって毎日、電位測定を続けてみた。

この研究を行なうにあたって精神科医たちは、前もって患者を三グループに分けるように求められた。すなわち、正常な行動から著しく逸脱している者、比較的正常に近い者、そして両者の中間というグループである。電位測定は、個々の患者の病状に関する情報をまったく与えられていない者の手で行なわれた。そして電気測定値からみた被験者の分類も、彼らの手でなされた。測定データから、患者は次の三グループに分けられた。まず、電位変化が顕著な者、次に電位変化が目立たない者、そしてその中間の者である。この中間グループは、さらにふたつのサブグループに分類することができた。

こうして、日頃から患者を熟知している精神科医が行なった、病状による分類と、それをまったく知らない測定者による、電位特性のみにもとづいた分類が、つきあわせられたのだった。

その結果は、じつに明確なものであった。すなわち、もっとも異常性のみられる患者グループは、電位測定値もまた異常なのだ。

この反対に、正常に近い患者グループは、電位変化が目立たないグループに相当していた。そして中間グループ同士の比較では、予期したとおり、かなりのばらつきがみられたのである。この結果が示すものはじつに興味深い。それはまた、電気測定法の、神経学および精神医学分野への利用の道をひらくものであるかもしれない。

この線に沿った研究を幅広く推し進めているのが、イエール大学の精神科のスタッフをつとめたこともあるレナード・J・ラヴィッツ・ジュニアで、彼がさまざまな医療機関において得たデータは、じつにおどろくべきものである。その中でもとりわけ刺激的なのは、催眠と電位変化との間に、明確な関連性を発見したことである〔第2部2の「精神状態の電磁場測定」（一八九ページ）を参照〕。

これは、けっして実験者の主観的判断などではなく、計器に記録されている厳然たる事実なのである。そして、同じ条件のもとでだれでも再現することができる、完璧な客観性を備えている。このことは、ラヴィッツ博士の研究の追試および、さらなる展開が、今後とも可能であることを示している。

ラヴィッツ博士の実験から、電気測定法が、精神病患者を退院させても安全かどうかを判定する有効な手段となりうることが明らかになった。今後さらに研究とデータの積み重ねが必要であることはもちろんだが、既存の成果からみても、そうするだけの価値は十分あるといえる。第1章でも述べたように、精神障害や情緒不安定を容易に探知できるLフィールド測定技術を、軍隊や産業界などに活かす道がひらけているのである。

実用面でのメリットはさておき、場は心の状態を映すという博士の発見が、心理学や哲学に与える影響も無視できないと思われる。これもラヴィッツ博士によって行なわれた実験なのだが、退行催眠下で引き起こされた苦痛の感情は、二分半にわたって一四ボルトの電圧上昇をもたらしている。これなども将来の発展が期待できそうな発見である。今、場の測定の心理測定への応用が始まったばかりであるが、将来それは完全な客観性を備えた、情動の計量法として利用されるようになるかもしれない。

電気測定法のもつ完璧な客観性がもたらすメリットは、いくら強調してもしすぎることがない。

精神病患者の測定を担当した者がもらしたところによると、彼は患者の精神状態についてまるで知らなかった──知る必要すらなかった、という。それにもかかわらず、測定記録に対する彼の所見は、精神科医の診断ときわめてよく一致していたのだ。

電気測定法は比較的簡単であり、有能な技師を速成することも容易なので、忙しい精神科医の負担を減らすことも可能になるだろう。これが実現すれば、時間の節約になるばかりでなく、患者や納税者の経費の大幅な節約にもつながるのだ。

5　情緒不安定の早期発見への応用

せちがらい現代、心理的ストレスにさらされている人は、過去のどの時代よりも多くなっているようである。異常なまでの精神病院の数の増え方が、その事実を物語っている。そして病院の外でも、はるかに多くの人々が精神科医の助けを必要としている。

近年、心身医学の進歩によって、感情異常が単に心の症状としてあらわれるのみにとどまらないという例が、数多く見出されている。不幸なことに、身体症状を伴う心因性の病気というのも、けっこう多いのである。

この大問題を扱う場合われわれは、心というものの本質、および心身相関のメカニズムについて、悲しいまでに無知だということを思い知らされることになる。

Lフィールド測定法によっても、この問題の全容が解明できるわけではないが、それでも新しい観点からのアプローチを提供できることは確かだ。Lフィールド測定は、すでにみたように、現在でも情緒不安定を早期に発見することができる。そして、いつの日にかそれが、情緒不安定の強度についても数量的に表示できるような、信頼性の高い測定技術にまで高められるときが、きっとくるだろう。

この技法は、心理学者、精神科医などの心理療法専門家だけでなく、内科医にとっても有用なはずである。近頃とみに忙しい医師たちは、うすうす気づいていたとしても、患者の病気の真の原因となっているかもしれない感情的重圧をあぶりだすだけの時間がないのが平均的な実態なのだ。それに多くの場合、患者の側にも、そういうことを口に出しにくい事情がある。だが、電気測定テストにより、その種のプレッシャーの存在が即時に検出できるならば、もちろんそれは病気の原因の本質をとらえたものではないが、最良の治療法を考えるうえでおおいに参考になるはずだ。

第1章でも述べたように、健康人の電気測定を積み重ねて、その平常時のデータを熟知していれば、異常値が出ればすぐにわかるわけで、危険予知または危機管理などにも役立つと思われる。さらには、ストレスに耐えられない情緒不安定な人物を、あらかじめ危険な仕事から外すなどの手を打っておくことも可能になる。

これまで豊富な事例を紹介してきた動電場と身体の異常との関連性は、心身症が起こる「メカニズム」を示唆するものである。心の状態が場の状態に反映するという事実から、仕事上の不安とか不幸な結婚生活などというものが、どうして胃潰瘍をもたらすのか、わかるような気がする。

この発見はまた、心に悩みを抱く人々に対する同情の仕方も変えてしまうだろう。彼らの苦痛を、もはや「気のせいさ」などといって、かたづけることはできなくなってしまう。もちろん、そのような場合もあるだろう。だが、感情が電圧計にあらわれるとなると、これはもう妄想だけではすませられなくなる。ラヴィッツ博士もいうように、それは現実そのものなのである。

「情動も刺激も、ガルバノメーターを振らすほどのエネルギーの流動を伴う。つまり、どちらも同種のエネルギーを発生させるのだ。感情はエネルギーと等価なのである」

6　神経系のLフィールド

「行動《ビヘイビアー》」とは、物理化学環境の変化に由来する刺激の総和に対する、生物システムの反応のことをいう。人間の場合、物理環境に加えて、思想的環境というものも、神経系に対する刺激という点で同等の効果をもつ。それは思想が神経系に、ひどいショックにも相当するような刺激を与えることができるからである。

それどころか、他の何にもまさる強烈な刺激であることも、ままあるのだ。われわれが歴史を考える場合、ここ二～三〇〇年のうちに登場した、よきにつけあしきにつけ、その思想で広い世代に影響を与えた人物をとおした目でしか歴史をみないというくせがある。そういう人物とは、独裁者、政治家、哲学者、宗教家、軍人などである。

思想またはそれによって引き起こされた感情が、神経系にエネルギーを与えるために、これらの現象を電気測定によって研究することが即、人間行動の研究につながる可能性がある。ただし、それが人間性の向上にもつながるかどうかは別問題だが。ともかく、われわれが車を運転する際に、ドライブしようとする意図がなぜ生じるのかということまで知っている必要はない。そんなことを知らなくとも、車はりっぱに動かせる。

われわれ人類の、長年にわたる物理環境の克服ぶりにはめざましいものがある。しかしその反面、人間関係をめぐる諸問題については、解決への努力がなおざりにされてきたといわざるをえない。この点では、われわれの先祖の時代に比べて、特段進歩しているとはいえないのである。そのおもな理由としては、人間の神経系のおそるべき複雑さ、および神経組織の原形質の働きがよくわかっていないことなどがあげられるだろう。したがって、人間の行動というものに対してどのような立場からアプローチを行なうにせよ、まず、人間の神経系をよく理解することからスタートしなければならない。神経系の活動を促す原因が、思想や感情、あるいはひどいショックであっても、前章で述べたように、刺激が何であれ、原形質の化学反応によって、一定の量のエネルギーが蓄積されているという前提が必要であることに変わりはない。

しかし、この化学反応は、必要なエネルギーを満たす役割を果たしているだけであって、その流れる方向および使われ方は、神経組織がどういうパターンをしているかによって決まってくる。したがって、神経組織の複雑な構造の細部を知るだけでは不十分であって、むしろ神経系の働きを全体的につかむことのほうが重要である。生物のユニットを顕微鏡レベルで分析することももちろん大事なのだが、ユニット相互間の関係を把握することも同様に必要なのである。

そのうえ行動は、生物同士影響し合う結果生まれる一面があるので、神経系の構造と機能を完璧に理解してかからないと、人間を動かしている力の真の姿を浮かびあがらせることはできない。

多年にわたる研究成果をながめてみると、神経の、ある決まった型の活動に研究が集中している傾向があることに気づく。たとえば、ニューロンをとりあげてみると、それ自体がひとつの生命体だという基本的事実はどこかへ行ってしまい、研究者たちはおしなべて、それを電子回路に置き換えることに狂奔している実態がある。ある面で現代のコンピュータに触発されたともいえる、電子回路へのアナロジーについては、原形質の基本的性質および、もっと端的には神経細胞のデジタル的反応が直接的動機となっている。

どんなに簡単な原形質システムといえども、物理的、化学的または精神的環境からの刺激を受容、伝達し、それらの統合や関連づけを行ない、最終的にはシステムの存続をはかるのに必要なかたちへと調整する能力が備わっている。単純な生命形態の行動をみると、「設計に忠実に動作する機能」(キング、一九四五)という比喩にぴったりであるように思える。行動を評価するうえで、もっとも障害となっているものは、その複雑さであり、さらに、客観的な測定手段の欠如および主観的判断に陥りやすい点である。

どんなに単純な生命形態といえども、その行動を文章で叙述しようとすれば、どうしても擬人的に粉飾されてしまう。だからといって、行動を厳密に研究しようとすれば、例外なく、研究対象に何らかの影響を及ぼさざるをえない。つまり、観測手段がその対象を変化させてしまうのである。これは物理システムでも同じことであるが、生物システムでは、これまで述べた技法を用いるのでなければ、きわめてむずかしいことになる。

われわれの経験をふりかえってみると、人間の神経系の一層の理解に役立つような道標が、いくつか見出される。トウモロコシの粒を使った実験では、測定可能な電位特性と、遺伝子構成および畑での生産性との間に密接な関連があることがわかった。また、敏感な植物であるミモザを使った例では、その独特な原形質のメカニズムと神経系がひじょうに似通っていることが明らかになった。つまり、高次な形態である神経系と、植物のような比較的簡素なシステムが、じつによく似た反応を示すのである。

確かに、これはすべて、人間の神経系のよりよき理解のために、まことにうってつけのアプローチである。だが、このアプローチは、まだ始まったばかりなのだ。老子がいみじくもいったように、「千里の道も一歩から」なのである。

このもっとも重要な最初の一歩となるのは、おそらく、神経系に加わるさまざまな刺激の効果を知ることができるLフィールド測定であろう。というのは、科学の歴史において測定法の進歩が、しばしば大変革のきっかけとなってきたからである。

7 人間行動と動電場

よく知られているように、宇宙が閉じているのか、それとも拡張しているのか、また、不変の法則に支配されているのか、そうでなくダイナミックに成長進化しているのか、という論争がある。宇宙の法則は、でたらめな現象などではなく、きちんとしたひとつの体系にまとまっていることは、はっきりしている。

生命体は単なる部品の集合体以上のものだ、とする生物学的立場からの主張は、ひろく宇宙にも同様にあてはまるのだ。生命体も宇宙と同じく、ひとつの統一体であり、よほどのことがない限り、その構成部品が勝手な動きをすることはない。この大原則はむろん、人間行動にも適用できる。人間の行動は、生物学的法則やモラルを加えたものに由来するというより、むしろ神経系の活動の結果だといえる。そして人間の神経系は、有機的にデザインされたダイナミックなマシーンなのである。

こんないい方をすればたちまち、そんな「唯物論的」アプローチには賛同しかねるとして、多数の反発をかうのは目にみえている。だが、あまりにそれは短絡的にすぎる反応である。宇宙は、単に一個のマシーンであるというだけでなく、いろんな特質をもっているのだ。たとえばわれわれは、満天の星の美しさとか、谷間のユリのかぐわしいにおいについて語るように、われわれの周囲のありふれた物事について、その特質をいくらでもあげることができる。

これらの特質は物理システムを支配しているものではないが、その属性である。こういった考え方がもし真実をついているとすると、物理システムとその属性との間に、いわゆる「フィードバックの関係」なる相互作用が存在することになる。そういう相互作用がどのように機能しているのか、というところまではよくわかっていない。だが、それは解明されるべきであるし、近い将来きっとそうなるだろう。

今をさる数十年前、サー・チャールズ・シェリントン*訳註2は、人間の心について次のように語った。すなわち、それは一瞬たりとも実在せず、空間を占めることもなく、エネルギーに転換されることもない、と。しかし、精神活動を伴う人間の神経系についていえば、それは実在し、空間を占め、エネルギー転移を必要とするのである。

確かに、それは神秘的である。人の心のような非 - 物質的なものが、どうして有機的な神経系に影響を与えるのだろうか？　この問題を考えるうえで、道徳律というものを引き合いに出すのが適当かもしれない。道徳律とか不文律とかいうものは、いまここに実在しているものではないし、空間を占めたり、ましてエネルギーにかたちを変えることもない。それにもかかわらず、

*訳註2＝英国の神経生理学者。反射学の分野で大きな業績をあげ、一九三二年にノーベル生理医学賞を受賞。

これらの、いわゆる形而上学的存在は、人間行動に影響を及ぼしているのである。この矛盾について説明できる人はいない。

しかし、自然界の法則と道徳律との間には、それらを分かつひとつの決定的なちがいがある。それは、道徳律は宇宙、すなわち自然の法則に有効に作用するものではなく、純然たる人間の発明品だという点である。人間は、不幸なことに、自己中心的な生き物なのだ。その第一の関心事は、自分自身およびその生存であり、自分にとっての快適な環境である。そして、彼のなすことのすべては、利害関係によって色付けされてしまうのである。

ところが、重力の法則に個人的な利害関係など通用しない。だれもがその支配を受けているのを知っており、重力を打ち消すような代わりの力でもない限り、それなしでやっていけないことも承知している。それは物質の基本的性質なのである。これに対し、さきの道徳律などのような人工の規範で、重力に匹敵するものはない。だから、われわれはそういうものを創造するように努力せねばならないのだ。そうすれば、ニューヨークやボストンでも、香港やバンコックでも同じように通用するモラルができあがるはずである。普遍性をもつモラルや法律を得たときこそ、われわれは人間問題についての真に満足できる解答を発見できるのである。

人間行動というものは、いまだに人間自身にとって最大の問題としてたちはだかっている。その謎はまだ完全に解明されてはいない。いや、じつのところ、われわれはまともにそれを解こうとしてこなかったのだ。人間が、他人および周囲の環境といかにして調和をはかっているのか、その秘密をさぐるために、これまで多くの研究者たちが生涯をかけて、神経系の働きの詳細を知ることに没頭してきた。にもかかわらず今日まで、その結果ははかばかしくない。

われわれがやるべきことは、科学的手法を用いて人間関係を解明することであるが、その科学的手法というものは、物理的宇宙の研究でめざましい成果をあげたことにより、近頃では、ほとんど神格化に近い扱いを受けている。

第1章でも述べたように、科学という手法は、われわれがとりあげているような特殊な主題の本質にせまることができる、最適の手法なのである。この手法によって、創造性に富む研究者なら、問題の本質の背後に隠された、存在すら知られていない事実を発見することになろう。それは、予想、仮説そして理論へと発展する。物理学や化学なら、これらは実験によって確かめることが可能だ。

しかし、こと人間を対象とする限り、実験条件の管理というものが切実な問題となってくる。それは、単純な物理実験などとは比較にならぬほど、むずかしいのである。しかし、いつかこの点が克服されるときが、きっとくるだろう。そのときこそ、われわれは真に意味ある前進をみるのである。

さて最後に、宇宙はひとつのユニットであるということについて論じようと思う。宇宙というユニットでは、すべての部分がユニット全体とかかわっており、その全体性と個々の構成物との間には、ある種の相互依存関係が存在している。アインシュタインの統一場理論は、ただひとつ重力の法則についての確認がまだ課題として残されているのだが、宇宙の特性のひとつが「場」であることを明らかにしている。そして、この「場」は、科学的に観測可能なのである。静電場、電磁場、あるいは動電場などと呼び方はいろいろあるが、そこには何も本質的なちがいはない。観測手段に何を用いるかによって、名前が変わるだけなのだ。いいかえれば、そこにはわれわれが故意に無視してきた、宇宙の統一的な性質がある。それこそが「場」なのである。したがって、人間関係という途方もなくむずかしい問題においても、宇宙の場の性質が何らかのかかわりをみせるかどうか、われわれはさぐってゆかねばならない。場の理論には、人間が自らの問題を解決するのに役立ちそうな、今後発見することが可能な普遍性があるはずなのだ。

人体を統御する動電場とは、未来の研究者がたどるであろう、もっとも確実な道を指し示す道標なのである。

第6章❖宇宙に向けたアンテナ

1　生物と電気的環境

「場の理論」から、外界の電場が生命体に影響を及ぼしている可能性が、当然ながら導き出されよう。生物のLフィールドが下位の場を包含し、支配しているように、地球をとりまいている電気的環境もまた、地上の生命の場を包含し、同様に影響を与えていると考えられるのだ。

しかしこれは、実験で容易に確かめることがむずかしい課題でもある。これまでみてきたように、人間や動物を使って確認しようにも、個体間のばらつきが大きく、また同じ個体でも時とともにどんどん変化してしまうため、微妙な外部の影響のみをデータからとりだすのは大変むずかしい。

だが、そういう困難にもかかわらず、これは試してみるだけの価値がある。その理由としては

第一に、外部からの影響が確かめられたなら、場の理論を一層強固なものにできるという点があげられる。第二に、電気的環境が生物に及ぼしている影響について、より詳細な知識を得ることができる。そして最後に、人間が宇宙の不可欠な一部であり、地球自体がそうであるように、宇宙に満ちている偉大な力に従属する存在であることが示されるからである。

こういう観点のもとにわれわれは、生物に与える外部環境を測定する長期間の研究に、足を踏み入れて行ったのである。そしてこの研究対象として、温度、湿度、気圧、日光など、測定可能な、ありとあらゆる環境要因がリストアップされた。

そして、われわれがこの研究にもっとも適切な被験者として選んだのは、一本の木であった。木は、それが生えている位置から動かないし、とくに餌をやる必要もない。動物のように、測定の際に麻酔をかけなくともすむし、実験後の後始末もたいへん楽だ。

だから、木は、環境の影響を測定するうえで、安定した、信頼できる基準となりうるとともに、地上の生命に影響しているかもしれない宇宙の力をキャッチする、いわば「アンテナ」としての役割を果たすだろうと期待されたのだ。

2　木の長期観測

ルンドの先駆的研究により、木が電気的性質をもつことが明らかになっている。そこで、木の成長層である「形成層」に、恒久的な電極を装着して、長期観測を行なってみようというアイデアが生まれたのである。

木の電位測定自体は、別にむずかしいことではない。しかし、そのようにして得られたデータから環境要因を検出するためには、相当長い時間をかけてデータを蓄積する必要があり、また、そこで使用する電極や記録装置にはそれだけ高い安定性と信頼性が要求されるのである。

ところで、この試みが成功すれば、もうひとつの疑問である生体電気の成因についても、手掛かりが得られることになる。生体電気は、細胞膜などの境界面における帯電粒子の不均衡から生まれるというのが、現在、通説になっている。そして、こういう不均衡が生じるのは、原形質がめまぐるしく化学変化を起こすせいだとされている。だが、そう簡単に決めつけてしまってもよいものだろうか？　こういう説明だけが本当に唯一の答えなのだろうか？　長期間を費す研究のみが、この謎を解くことができるのだ。

化学変化が本当に電位を変化させる唯一の原因であるのなら、電位の極性や強度も生体の化学活動に合わせてめまぐるしく変動していなければならないはずであるが、実際はそうでもない。そして木は、つねに変化する環境の中で生きている高次の生命体であり、そのデータには別の要因による電位変化がみられるかもしれないと期待されたのである。

最初の「宇宙に向けたアンテナ」に選ばれたのは、コネティカット州ニューヘヴンにある筆者宅の庭に生えているカエデの木で、家の中に置かれた記録装置と連結されていた。最初は、ここまで大げさにやるつもりはなかったのだが、あとからあとから、どんどん新しいアイデアが加えられていくので、とうとう気の遠くなるような一大プロジェクトへと発展してしまった。

まず、木の形成層が出てくるまで、樹皮を注意深く取り除く必要があった。その際、形成層を傷つけないように、細心の注意が払われた。というのは、生体に傷をつけると、特有の電位が発生することがわかっていたからである。でも実際のところは、傷をつけたとしても、そういう電位は長くは続かなかったので、実害はほとんどなかったといえる。

いろいろな種類の木を対象に試してみた結果、銀／塩化銀電極を生理的食塩ゼリーで包み、片面に穴があいたプラスチックの容器に入れたものを使うのが最上であることがわかった。そして、この容器の開いた側を樹皮の下に入れ、形成層に密着させてデータをとるのである。

金属電極をじかに原形質と接触させるのは、不安定な変動を生じるのでまずいことは前にも述べた。電極を電気的に安定させ、再現性のあるデータを得るためには、電極ペーストと高入力インピーダンス増幅器は、ぜひともかかせない武器である。

実験を積み重ねるうちに、電極をセットするベストポジションがみつかった。それは、木の幹の上方で、ふたつの電極を上下に約三フィート離して装着する方法である。まず低い方の電極を、動物の手がとどかないほどの高さのところに設置する。もうひとつの電極は、それよりさらに三フィート上につけるのである。こうすれば、動物による被害を受けなくてすむ。

実験の当初から、測定器には安定した定常電位が記録され続けた。われわれが予備的な実験を始めたのは一九三八年のことである。そして、じつに三〇年を経た一九六八年まで、延々と記録がとり続けられたのだ。

カエデ、ニレ、カシ、などを使った実験の結果、カエデのような成長の速い木は、カシなどのような、より成長の遅い木より、高い電位を示す傾向があることがわかった。

慎重を期すために、われわれはカエデの木の他に二本の木を選び、実験を同時に進行させることにした。ひとつは、私の研究所からはるかに離れた田舎にある古いニレの木、そしてもうひとつは研究所の構内にあるアボカドの木である。

こうして三つの実験が並行して行なわれたのだが、それらのデータを比べてみると、どれもじつによく似ていたのである。

3　電位変化の周期性

生物が日周リズムをもっていることは、かなり以前からよく知られている。生物の体内でリズムまたはサイクルを生みだすもととなるような、周期性をもつできごとが発生しているのだ。そこには外部環境からの影響も、すこしは見受けられる。リズムが発生する原因についてはさまざまな説があるが、おおまかにいってふたつの点に要約される。まず第一に、細胞原形質の新陳代謝説がある。しかし、新陳代謝の主たる意義は、生物システム全体に対する恒常的なエネルギー供給なのであって、リズム源とはみなしがたい。この説は新陳代謝のプロセスが断続している点をとらえているにすぎないと思われる。

もうひとつの説明は、細胞増殖もしくは細胞分裂がその原因だとするものである。木の形成層では細胞分裂が盛んに行なわれ、それが木の直径を大きくする。木の先端部も細胞分裂が活発なところで、これは背丈の伸びをもたらしている。

そこでわれわれは電位だけでなく、木の直径の変化も継続的に測定することにした。直径の測定には、イエール大学林学科のルーツ教授から借り出した測樹器が使用された。

結果は、早い段階からおどろくべきものであった。電位変化の周期性は明らかだった。夜半から早朝にかけては、電圧は相対的に低いレベルで安定している。そして夜明けとともに電圧は急激に上昇を始め、午後にピークに達するのがふつうだった。こういった変動が記録されたのは、一九四三年と一九四四年の夏の三カ月間である。

まだまだおどろくべきデータがある。初夏から九月にかけて、電圧変化と木の直径との間に強い関連がみられたのである。これは、形成層の成長と電圧との間に緊密な関係があることをうかがわせるものだった。

ところが、一九四三年と一九四四年の九月には、電圧の周期的変動はみられたものの、直径との関連性はいまひとつはっきりしなかった。

このことは、短期間の研究から早急に結論を出してしまうことが危険であることのあかしである。形成層の成長と電圧変化の関係は、長期的データからは証明できなかったのだ。このことはまた、電圧変化をもたらすものが、木の形成層の細胞分裂だけに限らないということも意味している。この変動がわけもなく起こるはずがなく、そこにはきっと別の要因があるはずなのだ。

4 季節・月齢・日周リズムなどとの関連

地球の周囲の電気的状態に変動が生じることを発見したのは、マサチューセッツ工科大学・宇宙線研究所の故ハーラン・ステットソン教授である。同教授が、電離層に起こる変化が無線通信に影響を与えるという事実に注目して以来、通信事業にとって死活問題であるこの現象の究明に、膨大な時間が費やされてきた。

だからわれわれもこれにならって、生物システムの電気的特性と、気温、湿度、気圧、太陽黒点および宇宙線などとの関係を詳細に調べてみようと考えたのである。

この目的のために国立衛生研究所から研究助成金を得て、ニレとカエデの木の電位と環境因子との関連を調べる、入念な実験が企画された。木の電位については、過去に豊富なデータの蓄積があるので、ほぼその基本的特徴はつかめていた。ここでわれわれがとくに知りたいと思ったのは、季節変化、月齢変化、日周リズムとの関連の有無であった。

測定装置としては、二本のニレの木に装着する銀／塩化銀電極、カリフォルニア州パサデナの気象研究所から特別に提供してもらった空中電位測定用プローブ、そして極軸に沿って三フィート離して立てる地中電位測定用の二本のモネル合金棒が用意され、これらからの信号はそれぞれ、四台の高入力インピーダンス増幅器に入力された。増幅器からの信号出力はさらに、四チャンネルのリーズ・アンド・ノースロップ社製の記録計へ入り、一定の時間間隔で点印字されるようになっていた。いうまでもなく、このような断続的記録は、四つの測定値の真の同時期録ではないが、この研究目的には、この程度の近似値で十分であることがわかった。

こうして同時進行的に四とおりの記録がとられたわけだが、これらは当初からきわめて一致した変化を示していた。つまり、二本の木の電位、空中電位、大地の電位は、ほぼ時を同じくして同一パターンの変動を示したのである。

それはひじょうに面白い結果であった。比較的短期間の断面ではあったが、四つの測定値間の相関は、じつにはっきりしていた。だが、この現象をこれ以上追求するには、研究設備の面で限界があった。

データをみた限りでは、環境の電気特性の変動が、生物の電気特性の変動に先行するようにして発生しているようだった。あたかも、外部環境の電気的変動が生物内部の電気的変動に影響を及ぼしているかのように。

これらの比較的短期間の測定結果は、それだけで十分に刺激的である。しかし、本当に知りたいのは、長期的な観測データである。

日周リズムを数学的に分析してみると、それは偶然の変動ではなくて、ふたつの生物システムおよび地球の環境の電気的特性に起因していることが明らかにみてとれる。

これらの実験で得た結果は、より長期の研究を行なう価値があると判断させるのに十分なものであった。予備的実験は一九三八年に始まり、一九四三年からは恒常的な測定が開始され、相当な量のデータが収集されたが、その分析には相当の時間を要した。実験開始当時は、時間的変動を解析できる適切な数学的手法がなかったのだが、今では、最新の分析手法でそれらを解析することができる。

5　宇宙に反応する生物

さて、先の四つの測定記録を検討してみると、ほとんどみな同じパターンを示し、どれひとつとして他と異なる変化をしているものはなかった。

なんともすごい発見である。このデータに人為的操作が加わった可能性はなく、偶然の可能性についても厳しい実験管理がそれを排除していた。生物の日周リズムといわれているものが、じつは空中電位や大地の電位のリズムと一致していたのだから、これはたいへんなことであるといわねばなるまい。これらのリズムのうち、どれが他に先行しているのかはよくわからない。しかし、そろって変化しているという点だけでも重要なのである。

自然というものは長期的な目でみると、生物や環境にかかわりのあるさまざまな要因を変化させてくれるので、それ自体がりっぱな実験者であるといえる。だから長期にわたってじっくりと観察を行なえば、生物と環境の、電気特性という局面における関係が浮き彫りになってくるのである。昼夜のリズムという要因については、すでに記したように、はっきりとした関連性があることがわかっている。そしてもうひとつ、月のサイクルについても、こういった関連性がみられるのである。

といっても、よくいわれるように月が直接生物に影響しているわけではない。むしろ、月と生物の双方が宇宙という、より根源的なものに反応する結果だと考えたほうがよい。先にあげたわれわれのデータには、月と同じ二七日の周期があらわれていたのだ。

この研究はかなりの長期にわたったので、木の電位にみられるような季節変化が、空中電位と地中電位にもあることがわかった。それはかなりはっきりとあらわれており、生物システムと環境とのおどろくべき緊密な関係を示す数多くの証拠と考えあわせると、生物システムはそれぞれが保有する動電場を通して物理環境の場とかかわっているという推論が生まれてくるのだ。

ところで、環境要因の中に月齢サイクルが含まれていたのだが、それは電離層の電気特性が太陽黒点活動の影響を受けているという、ステットソンの発見を思い起こさせる。電離層は、月のサイクルおよび昼夜のサイクルの影響も受けているのである。*訳註1

そこで、スイスのチューリッヒで観測された太陽黒点活動と、木の電位記録を比較する研究が行なわれた。そしてここでも、ふたつの観測値の間に強い相関がみられたのである。

太陽黒点の活動が生物に影響するのかという点については、さらに多くの研究を積み重ねる必要がある。しかし、手元にあるデータをみる限り、木の電位変化との関連性は疑いないといえる。そしてこの事実は、木だけでなく、あらゆる生命形態がやはり同じ影響を受けているにちがいないという推測を生む。なぜなら、それらはみな動電場をまとっているという点で共通しているからである。

ことの決着をつける決定的な証拠とはいえないが、木の電位変化が太陽黒点の数の増減にすこし遅れて同期しているという事実がある。たとえば、黒点が増加すると、あとから木の電位もこれに続くかのように上昇する。逆に減少する場合、電位もそれにあわせるかのように低下していく。

ここで比較に使った黒点数は、一一年周期で増減を繰り返している母集団からとったものであることがはっきりしており、*訳註2 木の電位データも偶然の変動でないことがわかっている。そして、データの数の多さからいっても、これらの一致は偶然という説明がつけにくいのだ。

＊訳註1＝太陽光線の作用で上層の地球大気が電離し、電子とイオンの密度の高い部分が生じたのが電離層で、電波を反射する性質があるのでラジオ放送を遠距離に伝播する目的等に利用されている。太陽との関係は緊密で、昼と夜、黒点などの太陽活動の影響を受ける。

＊訳註2＝太陽黒点は太陽表面の温度の低い部分で、太陽活動を反映してほぼ一一年周期で増減を繰り返し、電離層もその影響を受ける。

ここで、これらの研究の動機となっている基本的仮説――生物システムの電気的特性はそれらの固有の動電場の性質によって決まる――を思い出していただきたい。ふたつの場が何らかの相互作用を伴わずに、同時に存在することはありえない。だから、電離層の場も、太陽黒点の爆発の影響をもろに受けるのだ。地球をとりまく電気的環境の影響は想像以上のものがある。

したがって、次のように結論づけることもゆるされよう。より多くの事例について長期間の研究を行なうことによって、重要な意義をもつ場の性質が、それが生物の場であろうと宇宙の場であろうと、いつかは白日のもとにさらされるだろう、と。

6　生命の本質の手掛かり

これらのことはみな、場としての性質もつわれわれ自身が宇宙に乗り出していく時代になって、ますます重要性を増してくると思われる。これまで不当なまでにおろそかにされてきた、われわれの周囲の環境研究こそ、宇宙開発にもまして熱心に探求すべき課題なのだ。将来、宇宙空間に適切な測定器を送り込み、宇宙空間の場の特性を測定する計画があってもよいと思う。そのためにはむろん、高度な性能をもつ装置と多額の研究費、そしてもっと多くの研究の積み重ねが必要だ。

しかし、これまで紹介してきたわずかな証拠だけでも、十分にエキサイティングであり、物質宇宙とその中に生きる生命の本質についての、これまでにない手掛かりを得ることができるのである。だが、真に価値あるゴールに到達するまでには、いくら人生があってもたりないような気がする。

これまでの説明は、事実にもとづかない単なる推論だとする意見もあろう。それは認めてもよい。しかし、これらの場の特性は、けっしてミステリアスな現象ではなく、身近なところでいつでも測定できるものなのである。それに、何十年もの歳月を費して収集されたデータが、行動を決定するものは組織パターンであることを示しているのである。そして、生物システム内の荷電粒子の位置を決定しているのは、ほかならぬ動電場なのである。

何度も繰り返すが、これらの現象は測定可能なのである。それらに対する説明が推論の域を出ていないといわれようとも、ともかく測定の有効性には疑問をさしはさむ余地はない。測定データについては、何重ものチェックにかけられたうえに、慎重な統計的分析が行なわれているのである（木の電位データについては、ラルフ・マークソン氏が数学的解析を行なっている。詳細は第2部3「環境が植物電位に及ぼす影響」〔二〇四ページ〕を参照のこと）。

従来は、生物の行動というものについて、組織の化学反応の結果だという説明がなされてきた。それなら、一連の生命現象の多様性や変化速度の速さ、および生物システムがつねに成長分化をとげていることのあかしでもある、常態的に発生している電気現象を、すべて化学反応で説明できなければならない。ところが、疑問はいっこうに解ける気配はない。

ドングリをカシの木になるまで成長させるだけでなく、行動と呼ばれる生理学的な機能的活動に特徴的なパターンをもたらす、何らかの指導原理があらゆる生物に備わっているはずなのだ。化学ももちろん重要な役割を果たしていることは疑いない。それは、自動車を動かすガソリンのようなものだから。しかし、ガソリンの種類を変えてもフォードがロールスロイスになることはないように、生化学はその機能特性まで支配するものではないのだ。化学はエネルギーを供給する。しかし、そのエネルギーの流れる方向を決めるのは、動電場に源を発する電気現象である。だから、すべての生物の発生と分化について理解することが、まず第一に求められることなのである。

7 生命を方向づける力

過去、科学の歴史には、ふたつの思想の流れがあった。ひとつは、物性物理学と呼ぶのがもっともふさわしいが、観察対象とするシステムの元素を重視する立場である。もうひとつのものは、場の物理学というタイトルのもとに含めることができよう。

これらの特徴については、ずいぶん前にクラーク・マクスウェルがその電磁気学理論に関する最初の論文の中で明らかにしている。その中で彼は、物性物理学は元素またはギリシャ人がアトムと呼んだものにばかり拘泥しているが、これに対して自分は物質そのものの性質よりも、物質と物質の関係にむしろ注目したのだ、と述べている。

前にも記したが、これこそがわれわれが何十年も以前に研究を始めた理由だった。われわれは、物と物との間の関係を探求することが、物自体の性質を究めることに劣らぬ収穫をあげることに気づいたのである。

近代科学をもってしてもまだ解けない最大の問題のひとつが、生物システムの組織ないしパターンの謎である。これが解明されたならば、われわれの視野は飛躍的にひろがるはずなのだ。われわれが何世紀にもわたって親しんできたのは、主として地上でじかに観察できる物事に関する、記述的方法にたよる学問の成果であった。だが、つねにそのパターンを変化させる物事に対しては、この方法では明らかに限界がある。

アリストテレスは、ドングリが成長すればどうしてカシの木以外のものにならないのか、イチジクになってはなぜいけないのか、と考えた。これは、生物学の問題の本質をするどくついた考えだと思う。いいかえれば、ドングリの実の成長および分化をコントロールし、最終的にカシの木——馬ではなくて——に仕上げる「力《フォース》」とはいったい何かということである。この力はまた、個々のカシの木の個性をつくり上げる役割もになっている。

この、生物のうえにつねに作用し、新陳代謝に伴う活発な化学反応にも影響されず、驚異的な恒常性を保っている力を研究するにあたって、次のふたつの観点に立つことが大事であると思う。そのひとつは、生物システムの化学組成を解明することである。今日、原形質とその成分の分析については、おそろしく研究が進んでいる。その成果の中でも、もっともおどろかされることは、原形質がたった四つの基本的元素——炭素、酸素、水素、窒素——に還元されるということだ。もちろん、その他に微量元素もあるのだが、重要なことは、これらのシンプルな四元素だけで、あれほど複雑な一連の相互作用を織りなしているという事実である。

この相互作用は、化学組成間に作用する、ある種の力から生まれている。そして、生物の成長および分化の過程を通じて化学組成の位置を定め、動きを決定しているのも、この力なのである。それは一種の「指令」を与えているともいえる。

また、物質間の相互作用は、まるででたらめに行なわれているのではなく、成長と分化を方向づける力が明らかに関与している証拠がある。それは、たとえばベクトル的なものだといえるかもしれない。

そして、この力は、物質間の関係をコントロールするとともに、生物システム全体を方向づけている。自然界の中で、このような方向性を与えられるものは、電気的な諸特性、すなわち、電磁気的なもの、静電気的なもの、そして「動電気」的なものである。これらのものが存在するところ、つねに物質の移動に方向性が生まれる。そして、その動きは、必ず一方の極から反対の極へと向かうのである。

極性、そして物質の移動のコントロールというテーマは、電気測定という手段を用いる研究法によくなじむ問題である。だから、原形質で測定された電気的性質が、生物および無生物に作用する力の本質にせまる手掛かりとなるならば、長期的に研究を積み重ねていくことによって、生物システムおよびその対極としての環境、それぞれの電気的特性の相互作用について、いつの日か何らかの結論が得られるにちがいない。

＊　＊　＊

以上に述べたのは、われわれが三〇年にも及ぶ研究に乗り出す、そもそものきっかけとなった推測である。そしてわれわれが「宇宙に向けたアンテナ」からは、この推論の正しさ、およびこの科学の冒険が無謀な試みでなかったことをうらづける、十分な証拠が得られたのだ。

第7章❖冒険は続く

1　生成流転する宇宙

この科学の冒険を始めてからもう四〇年余りにもなるが、われわれはまだ、サー・ウィンストン・チャーチルの言葉を借りれば「はじまりのおわり」にさしかかったところにすぎない。長い探求の結果、多くの発見もあったが、それらはかえって生命場の奥深さを示すものになった。謎はますます果てしないひろがりをみせているのである。

古代のヴァイキングたちが、長い困難な航海の果てに北アメリカを発見したときの気持ちは、いかばかりのものだったのか、伝える文献は残っていない。それでも、彼らがどこまでも続くかのようにみえる海岸線に沿って進みながら、行く手にはかつて経験したことのない広大な土地と冒険が待っていると考えたであろうことは、容易に想像がつく。

この冒険を始めたときからのただひとつの望みはむろん、目的地に到達することだが、そこにはヴァイキングならぬ未来の科学者たちの探検を待っている、広大な処女地がある。これまで多くの証拠が示しているように、生命場が基本的原理であり、かつあらゆる生物をコントロールしているものならば、われわれの将来の探求を待っている分野はほとんど無限だといってよい。

未来の研究者たちが生命場について、より包括的な知識を得ることができたなら、彼らは人類のみならず、あらゆる種類の生命の心理と行動、および生命場と宇宙の場との関係などについて、理解を深めることができるだろう。

そうなれば、われわれが探求する分野はこの宇宙と同じくらい広大になる。それは、われわれの現在の知識が悲しいまでに不完全なためであり、宇宙の構造が生成流転しているためでもある。

この冒険を始めるにあたって、われわれが当時得ることのできるあらゆる事実にもとづいて立てた「基本的仮説」とは、「秩序ある宇宙」というものだった。それが物質であるか波動であるかを問わず、この自然には、不断のパターン形成または組織形成というかたちで明確に認識できる秩序が組み込まれている。それは、環境の中に存在する不変の因子であり、それがあるがゆえにヒトはヒトであり、サルではないのである。

はじめから大人の姿をしている生物などありえないし、物質とて最終形態のものばかりではない。われわれの周囲には、つねに発展するプロセスがある。ドングリは大きくなってカシになる。まちがってもイチジクにはならない。したがって、自然の法則はパターンを形成するだけでなく、パターンの発展プロセスをも決定しているといえよう。別の言葉でいえば、宇宙には固定したものなどなにもないということなのである。宇宙は、絶えず発展している活動的なシステムなのだ。もっとも基本的な生命形態と、それから進化した高等生物との間には、たいへんな隔たりがある。物質でも、基本的元素と、自然にあるいは人工的につくられた巨大分子とは、かなりちがっている。

シンプルなものからより複雑なものをつくり出すという点で、人間は大自然の営みをそっくり真似ているともいえる。たとえば、大昔は薪で料理したり暖をとったりしていたのが、今日では電化キッチンと全自動エアコンがそれにとってかわっている。簡単なボルト、ナット、歯車、車輪の組み合わせからスタートした機械も、今では、おそろしく精巧になった。ヘンリー・フォードが彼のT型フォードから発展した現代の自動車を見たなら、まちがいなく仰天することだろう。

将来、自然の進化と人工の進化のどちらに最終的に軍配があがるのかについては、予測は困難である。しかしこの戦いは、宇宙のあらゆる局面の探求の試みを、このうえなく魅力的なものにしているともいえる。

科学の世界にもときどき、究極の大発見をしたと豪語する者があらわれるが、たいてい、いつもその舌の根もかわかぬうちに、さらにそれを上回る発見によって打ち破られてしまう。このようなひとりよがりの人物をみるにつけ、いつも残念な思いにとらわれるのは筆者だけではあるまい。彼らのいささか突っ走り気味の言は、想像力の乏しさを露呈しているのみならず、大事な点をみのがしていることを示している。それは、宇宙が生成流転しているという事実である。

宇宙がこれまで、気の遠くなるような時間をかけて変貌してきたことを知っている現代のわれわれは、現時点の宇宙の姿が最終段階のものだと決めつけるわけにはいかない。われわれの周囲の環境についてもやはり、不変のものだと考えるのはまちがいなのだ。

宇宙の進化、発展の行く末は知ることができないにしても、究極の姿があるということはわかる。だが、そのゴール自体最終のものか、時とともに変化していくものかについては議論がある。おそらく未来をかたちづくるのは、現在なのだ。あらゆるものすべてが宇宙の法則の、より完全な具現に向かって進化、発展を遂げつつある。だから周囲の物事はすべて、すでに完成されたもの、あるいは最終形態であるなどとはとても思えないのだ。宇宙の法則に関する知識がしだいに増えつつあり、またそれらを効果的に利用できるようになってきているにもかかわらず、宇宙の究極の姿を知るすべはないのである。

2　宇宙デザインの一部としてのLフィールド

つねに変遷している宇宙を探求するうえで、科学が基本的目標としているのは、そのデザインの成り立ちを解明することである。今日、デザイン自体についてはかなりたくさんの知識が得られている。だが、その起源は依然、謎につつまれている。それを解明することは、学問的意義もさることながら、とりもなおさずわれわれ自身のことを、よく知ることにつながるのである。

現在、この神秘の扉をひらく期待をになって、巨額の資金が宇宙開発に投じられている。確かに宇宙開発は、実用的な面では、その投資にみあった恩恵をわれわれにもたらしつつあるようだ。しかしそれで、われわれが生きているこの世界に対する理解がわずかでも深まったのかというと、これが全然なのである。また、科学の基本にかかわる問題についてはどうかというと、これも最初の人工衛星、スプートニクの時代とちっとも変わっていないのだ。宇宙の起源は、いまだに謎である。

とはいえ、宇宙開発のメリットがまるでないわけではない。宇宙の生成の観察を通じて、デザインを具現化する力という、重要なものについて、多少なりとも知識を得ることができるだろうからである。その中でも生命場はあらゆる生命に存在し、しかも再現性のある測定が可能である点で、今後本格的に追究すべき対象として最適だと思われる。

このいわゆるLフィールドは、自然がそのデザインを具体化していくのにどのような手法を用いているのかをさぐるうえで、まったく新しい科学的アプローチをもたらすものである。そうすることによってわれわれは、宇宙の起源までには至らなくとも、自然のデザインそのものにせまっていくことができる。さらに、それらの個々のデザインが宇宙という、より大きなデザインとどのようにかかわっているのか、ということについても一層理解を深められることだろう。それは、第1章でも述べたように、Lフィールドが宇宙という全能の場に影響される性質をもともと有しており、またそれゆえ宇宙という大きなデザインの一部を構成しているにちがいないからだ。

Ｌフィールドが宇宙デザインの一部であるというのは、われわれが宇宙の法則と秩序のもとで生きていることのあかしでもある。なぜならそれは、すべての生物の、絶えず入れ替わっている構成物質にデザインと秩序をもたらしているのだから。ドングリを「強制的に」カシの木にしてしまうのも、このＬフィールドの作用なのである。すべてが一定の系統だった仕方で進化、発展させられているという事実こそ、法則と秩序が存在することのなによりの証拠なのだ。

そして、先に太陽黒点活動が地上の木に影響を与えている事実にみたように、この地球上のＬフィールド自体、われわれの世界もその一部である、より大きな場の影響を受けている。それは下位の場を思いどおりに変化させることのできる「上級権力」だともいえる。

別の言葉でいえば、Ｌフィールドは「影響力の連鎖」のひとつなのだ。それは地上のもっともシンプルな生命形態から人間のような複雑なものに、さらには宇宙空間を経て、ただ想像するしかない「至高の権威」まで、連綿と続いているのである。

この「影響力の連鎖」は、生命場だけにとどまらず、小は原子核から大は惑星の軌道を保ち、恒星の進路を定め、さらには遠方の銀河を宇宙の外辺に向かって遠ざける巨大な力にも及んでいる。

生命をかたちづくるうえで、生命場は通常の物理化学法則を無視しているようだ。それは原子や分子を安定した体系に保ち、生命の死後それらを単純な化合物に分解してしまう。このようなＬフィールドの「超越的支配」がなかったなら、あなたも私も今のかたちを保っていることができないはずだ。それに、われわれの体を構成する分子だけで、あるいは偶然の作用だけでそのような体系をつくることは不可能なのだ。あなたも私も、Lフィールドの中に具現されているような法則に支配されている。こういう法則がなければ、または宇宙が混沌が支配する場であったなら、われわれはほんの一瞬たりとも存在することができないだろう。それらの法則の力は、われわれの体を構成する物質の組み立て、維持、体系づけ、および相互作用をきわめて正確にコントロールしている。

ようするにわれわれは、秩序と調和の保たれた高度に組織された宇宙の法則のおかげで存在しているのだ。

3 人工の法と宇宙の法則

宇宙とは混沌の支配する場所であり、そして人間とは混乱した化学の偶然の産物だと思いたい人にとっては、以上の話もまるで馬耳東風だろう。このような見方は、人間の行動を決定するのは完全な自由意志によるのであり、他の法則から強制されたものではない、という考えを好む人たちからも歓迎されている。

しかし有史以来、人間の行為には宇宙の法則あるいは支配の影がちらついてきた。このことは、人間がさまざまな神々を信じてきたこと、そして精神世界をつねに物質世界の上位に位置づけてきたという事実にもうかがえる。

精神と物質、心と肉体、これらのように物事を相対立する図式でとらえる概念はそのまま、人間が自然に獲得した宇宙観を反映しているといえよう。

でも、それが真実だと本当にいえるだろうか？　そこには情報不足からくる誤解が入り込んでいないと、どうしていえようか？　あらゆる証拠が示しているように、宇宙が法則と秩序の支配するところであるならば、精神と物質などというような二元論的な考え方をせずに、なぜ「統一原理」でとらえようとしないのか？『ウェブスター』では、宇宙《ユニヴァース》という言葉については次のように定義されている。「ひとつの体系または全体を構成するようにつくられたもの。創造物、コスモス」。どうやらそれは、二元支配という意味を含むものではなく、まさに統一性そのものをあらわす言葉のようだ。

それでは、法則と秩序の支配する宇宙というものを考えるうえで、それから逸脱する例外を想定することは許されるのだろうか？　それとも、そのような想定をすること自体、われわれの無知さ加減のあらわれなのだろうか？

このような大問題に、まったく新しいアプローチを提供してくれるのが、ほかならぬ生命場なのだ。だが、この問題を議論する前に、人間を支配している三つの法則について理解しておく必要がある。

まず第一にあげられるのが自然の法則だが、その有効性には疑問をさしはさむ余地はない。それは、人間の手で改変も否定もできぬ存在であり、ただそれについてより多くのことを学びたいと望むことだけが、われわれにできる唯一のことである。

第二に、人間の手になる成文法がある。それは、国や地方によりさまざまなちがいをみせるが、われわれは身近なところで、すでにうんざりするほどそれらにかかわりあっているので、いまさら解説の要はないだろう。自然の法則が正確無比で永久的なのに対し、人工の法はあいまいで融通がきき、都合が悪ければ変えてしまうことさえできる。それゆえ、人工の法にばかり通じている多くの人々にとって、それらを超越した法が存在しうるということが、なかなか理解しがたいのも無理はない。

最後に、いわゆる道徳律というものがある。これも人間の思考が、人間関係の向上をめざしてつくり出した法である。そのほとんどは、人間の心が生みだしたものであり、昔から預言者や思想家が説いてきたことである。成文法と同様、道徳律も人間の行動を規制することに主眼をおいており、人間精神の創造性のひとつのあらわれでもある。しかしこれも地域により異なり、宇宙の法則とはほとんど関連性をもたない。

さらに道徳律は、伝統と過去の精神的遺産でもって人類を威圧する。だが、古代にいくら偉人がいたとしても、何千年も昔の感覚で現代の人類が直面する問題すべてに対応できるとは、とても思えない。

さて、以上の三つの法則の中で、自然法則だけが絶大な信頼を得ている。それでも、量子レベルではいく分か不確実性が残るのだが、それらが集合して原子や分子レベルになると、基本的法則は有効に働く。たとえば、重力の法則がそうだが、ほかに電磁力、核力などが知られている。そして、これらの現象の背後にある法則を熟知している科学者たちがいるおかげで、人類は多大な利益をこうむっている。それは、ほとんど奇蹟としかいいようがないほど、快適な世の中をつくり出したのである。

今日、「未開地」という言葉は、自然の法則に関する知識が不十分で、かつその恩恵に十分浴していない地域をさして用いられている。そして科学の進歩を最大限に享受してきたのが西洋世界である。しかしこれも、自然の法則とその巨大な力を発見し、さらには(より大切な点だが)理解できるだけの人間精神があったからこそ、可能になったといえよう。

正確無比の自然の法則と、人間の手になる成文法や道徳律は、対照的な位置関係にある。法律家たちの手で体系づけられ、拡充されてきた成文法は、人間が生きていくのに絶対必要不可欠かというと、そうではない。われわれの日常生活はおもに常識やモラルといった不文律によって規律されているのであって、だいたい成文法など、めったに意識されることもない。

何事にも寛大な今の時代の風潮にもあらわれているように、道徳律というものはかなり可塑性に富んでいる。それに、自分のことは棚にあげて、他人に「かくあるべし」というほうがずっと易しいものだ。どうも人間は自分の本当の意図を、多弁を弄してごまかしてしまう才にたけているようだ。

有史以来、人類が自然の法則を自分たちのために役立ててきた能力には、まことに驚嘆すべきものがある。だが成文法や道徳律などについては、同様の努力を払ってきたとはとても思われない。人間のトラブルのほとんどは、欲望の泥沼から生まれてくる。そして、それらを統御すべきものは、だれもさからうことのできぬ自然の法則ではなくて、人工の法律やモラルなのである。われわれの心から葛藤や不安、フラストレーションがいつまでも去ろうとしないのは、結局、自然の法則と人工の法則の調和に失敗しているからである。

この調和が達成されなければ、われわれが抱えている問題の多くが未解決のまま残ってしまうだろう。もし法律家やモラリストたちが十分な資金と時間をかけてこの矛盾の解決に努めたなら、これまで物質的環境の克服において示された奇蹟が、もういちどここで起こらないと考える理由はない。われわれは、現在宇宙開発に費されているのに劣らぬ情熱を、人工の法の改良と、それらを宇宙の法則といかに調和させるかといった点に注ぐべきなのだ。

4　社会現象と地球外の力

人工の法則を、自然の法則に比肩しうる普遍性をもったものにするまでには、おそろしく長い時間がかかるにちがいない。しかし善は急げで、着手が早ければ早いだけ、われわれが抱える問題の中に早期解決の糸口がつかめるものが出てくるかもしれない。

その方法はいろいろある。しかし本書では、人間の行動という、われわれの前に立ちはだかる最大級の問題を念頭において、それを解決するために最適な手段であるとの認識のもとに、生命場を追究することにしたのである。

生命場を研究する直接的メリットとしては、そこにわれわれが発見し、理解するのを待っている未知の自然の法則があるということにつきよう。生命場とは、いくら追いかけてもつかまらぬ蜃気楼ではない。現に人間もそのコントロールを受けており、そればかりか生命場は、より巨大な宇宙の場に組み込まれていることがわかっているのだ。

人間の本質と行動についてわずかでも真実をつかもうとするなら、重力の法則のように洋の東西を問わず、いつどこでもあてはまる普遍性をもったものをみつけなければならない。この点Lフィールドなら、心の状態が場にあらわれるという事実からもわかるように、人間探求の道しるべとして最適なものといえよう。それにLフィールドが、あまねく作用している宇宙的力の支配下にあるのなら、人間の心もまた、何らかの影響を受けると考えるのが自然である。

すでにみたように、太陽のフレアーや黒点活動などのような地球外の力が木のLフィールドに影響を与えている実例がある。人間のLフィールドにはそういう影響があらわれていないと、どうしていえるだろうか？　現に、これを書いている時点で、太陽黒点サイクルは極大期へと向かっている。このところ世界中で暴動や災害の発生が異常に多くなっているが、それは偶然なのだろうか。こうした因果関係については、現時点ではもうひとつはっきりしないが、研究を積み重ねればきっと、黒点活動の高まりに伴って人間活動も昂進していくという傾向が、はっきりと読み取れるようになるにちがいない。そしてそれらの知識は、世界の指導者たちにとって、はかりしれない価値をもつものとなろう。

ペンシルヴェニア州ピッツバーグにある周期現象研究所というところが発表した統計によると、戦争から豚の値段に至るまで、人間現象のさまざまな局面にリズムがみられるという（その後同研究所はその機関誌に、ソヴィエトの天文学者、A・L・チャイエフスキー教授が一九二六年にアメリカ気象学会に提出した論文を復刻掲載しているが、そこでも黒点と人間行動の関連性、なかんずく歴史的事件とのかかわりについて示唆するようなデータがみられる）。また、本書の第1章でも紹介したように、ラヴィッツ博士は人間のLフィールドがリズミックに変動することを発見している。

これらの現象は、Lフィールドをとおして地球外の力が人間行動に影響していることを示すものなのだろうか？　今のところ、われわれはそれについて確たる答えをもっていないが、もし戦争が起こりやすい時期などを前もって知ることができるのなら、これほど人類に貢献できることはない。

ラヴィッツ博士の研究によれば、Lフィールドの電圧リズムからその人の体調の良し悪しがわかり、危険な仕事を可能な限り避けるべき時期が推定できるという。ただしそれは、人間の好不調の波をおおざっぱに推定できる域を出ないのであるが、政治の場に応用するだけでも、世の中はずいぶん変わることだろう。

近頃のように一歩誤れば大変な危機が待ち受けている世の中では、リスクを回避するためなら、わずかな可能性であっても追求すべきである。ここにLフィールドの研究を推し進めるべき正当な理由がある。そして、最新のコンピュータや統計的解析手法を導入すれば、これらの研究に必要な資金も労力も、宇宙開発などとはくらべものにならぬほどわずかですみ、人類への貢献もそれだけ大きくなるだろうと思われるのである。

5　個性的存在としての人間

人間の行動の一般的な特性を把握することはもちろん大事だが、人間を個別にとらえようとする努力もまた、必要である。そうすることは、画一性の好きな理論家や官僚たちからはあまり歓迎されないだろうが、自然は、われわれひとりひとりを個性的存在たらしめたことを知るべきである。しかし、かけがえのない個人を単なる統計の対象としかみない傾向がますます強まる今の世の中では、こういう声もあまり聞かれなくなった。

人間の神経系を研究したものならだれでも、それが多様でユニークなパターンにしたがうように配列された神経細胞の、おそろしく複雑な連なりであることを知っている。Lフィールドの存在が確認されるまでは、特定の神経細胞の集団がなぜ脊髄でなく大脳皮質の灰白質にできるのか、また樹状突起や軸索がまちがうことなく目的の器官に到達するのはなぜなのか、ほとんどわからなかったのである。神経各部の配列を決めるのは、Lフィールドの電気力学的な作用だったのだ。

この考えをとるならば、神経系の発生と分化において、場という要因がにわかにクローズアップされてくる。そうすれば、神経芽細胞が神経管の中でどのように分化していくのか、あるいはどのように樹状突起が成長し、当該の器官に到達するのかという点などが明らかにされていくことだろう。このように、神経系はけっして偶然にできあがったものなのではなく、そこには比類のない正確さと、高度で複雑な組織化の過程があり、しかも最終形態はすこぶる個性的なものである。

これらはみな、人間行動を研究するうえで大変重要な意味をもつ。というのは、内分泌の機能その他の生理学的特性からは説明できない何かが、そこにみられるからである。そして化学反応というものは、その起源が何であれ、行動の結果なのであって原因ではないのだ。

行動に明らかな欠陥があっても、化学では出来の悪い神経系を改善することはできない。ハイオクタンガソリンを入れてもフォードがロールスロイスに変わることはないように。化学はエネルギーを供給するだけの役割しかもたないが、エネルギーに方向性をもたせるのがLフィールドであり、その結果、生物パターンができあがるのである。

残念なことに、人間の神経の働きについては、ほとんどわかっていないのが現状である。われわれが知っていることといえば、ごく粗い神経解剖学の知識だけで、行動的側面についてはもっぱら個人を研究することにたよっている。このような事情から、神経系に関するわれわれの理解は混迷するばかりである。ただひとつ確実なのは、われわれは偶然の産物なのではなく、ある種の場によってコントロールされたデザインもしくはパターンからできあがっているということである。

人間の神経系を構成する部品が他の高等動物の神経系にもみられるように、すべての人間が共通してもっている、ある種の行動および反応のパターンがあるのは確かだ。しかし、そういった共通の要素があるにもかかわらず、われわれはみな個性をもっている。

そのうえ、人間の心には、自分をだますという途方もない能力がある。われわれには、自分が見たいものだけを見、聞きたいことだけを聞こうとする傾向がある。視覚、聴覚、嗅覚、触覚などの生データは、生のまま神経系に到達すると、神経細胞が複雑にからまりあった組織に取り込まれていく。これらの細胞の数はおよそ一〇〇〇億個といわれ、その組み合わせの可能性に至っては、天文学的数字にのぼる。

われわれの行動はこの組み合わせの所産なのだ。組み合わせを成り立たせるのは外界からの刺激に限らない。これは不幸なことと思うのだが、内面からの刺激もその要因となっている。つまり思考というものも、神経系に刺激を及ぼす程度において物理的事象に劣らない。思考は、感覚という生データと融合するとともに、過去の記憶とも結びつき、そうしてはじめて行動として外在化されるのである。

大事な問題に決着をつける必要にせまられた場合、ほとんど例外なくだれでも他人の判断をあおごうとするものだ。それで本当に正しい答えを得られる保証はないのだが、それでも、他人の考えを参考にすることによって、自ら正しい答えに到達する道をひらくことはできる。自分の成功例を他人に押しつけることはできないし、またすべきでない。なぜなら、われわれひとりひとりは、みな異なる存在なのだから、それぞれの個性にあったアドバイスをすることだけが、求められているのである。

人間の大脳パターンと、その神経反応の無数の組み合わせの双方を演出している場というものは、もはや変えようがないので、人間の行動の改善にはおのずと限界があるように思われる。今、何かと話題になることの多い「環境」というものが人間に与える影響の重要性には疑う余地はない。が、しかし、神経系にどのような細工を加えても、人間の個性と、場によって決定されたその固有のデザインは、不変であることがはっきりしている。たとえ同じ環境におかれたとしても、人間の反応は人によってさまざまに異なるのである。

人間の行動を説明するのに、化学はあまり助けにならない。確かに、薬物を用いて神経系の一部の機能を停止させたり、破壊することは可能だ。人間の行動をある程度変えることさえできる。だがこれは、破壊された部分の機能が他の部分によって代替される場合に限られる。

手術によって脳の異常が生じた部分を除去するかショートさせてしまっても、やはり不本意な行動を防止することができる。しかし、もともと備わっているデザインそのものまで変えることはできない。脳神経外科医といえども、単に脳をみただけでは、その患者がどういう人かはわからない。人種や年齢、そしてもちろん脳のサイズや重量には個人差がある。だが、神経細胞の樹状突起のからまりには、個人差を見出すことはできない。それは個人差がもともとないからではなく、今の技術では発見できないからなのである。

要するに、現在のわれわれの知識では、人間の行動の欠陥を簡単に治せるような手立てはない。別の言い方をするならば、古来賢者たちが語ってきたように、人間の本質は一夜にして変わるものではないということなのだ。なんだつまらない、と読者は思うかもしれないが、およそありそうもないことに変な期待をもつよりは、限界を悟った方がどれほどためになるかしれない。

世の教育者たちは、「うりのつるになすびはならぬ」という言葉を銘記すべきである。だめな神経系からは、ベートーヴェンやアインシュタインはぜったい生まれてこない。むしろ、それらの特殊な頭脳がなぜ生じたのかを研究し、その知識を生かすことを考えるべきである。

6　人間の個性とLフィールド

以上のすべては現在の、宗教の統一を求める動きとかかわっている。しかし、こういう試みは、なかなかうまくゆかない。なぜなら、われわれはみな個性をもち、他人の考えに対する反応も、人によってまちまちであるからである。

宗教が法体系にかかわるようなことはないといえる。それは、宗教教育や個人の心の中に芽生えた信心にもとづく、純粋に個人的な規範だからである。

人によって宇宙意志とか、あるいは神とか、呼び方はいろいろあるが、ともかく宇宙の本質についての認識は共通している。この、われわれから超越した存在とのかかわり方をみると、純粋に個人的であり、宗教団体や裁判所が干渉する余地はなさそうだ。

宇宙の起源を知っている人はどこにもいないので、造物主に関して無数の説が生まれるのは避けがたい。こうして、この世には大小さまざまな信仰や教団が存在することになる。だが、それらの間では、わずかな事実の解釈をめぐってさえ意見が対立している。まして、もともと事実などないとしたら、もう意見の統一など、望むべくもない。

それゆえ、造物主と人間の関係についての満足のいく解答は、われわれひとりひとりが自らの手でつかむしかないのである。そうする過程で、たとえ同じ結論に達する人々が出てきたとしても、それを残りの人々に押しつけるようなことがあってはならない。長期的には必ず、だれもが自分流の満足のゆく答えを見出すはずだからである。

自然は際限のない多様性を楽しんでいるようだ。人間についても、あえて画一性を避け、かわりに個性を与えた。われわれの脳や身体は、みなすこしずつちがっており、指紋に至っては、同じものはこの世にひとつもない（これはＦＢＩによって確認されている）。

そして自然が、この多様性の追求に用いる道具となるのがＬフィールドなのである。自然の、こういう傾向を押しとどめる術《すべ》はない。

近代文明社会では、法規や手続き、印刷書式など、ある程度の画一化は避けられない。しかし、自然の法則と人工の法律を調和させようとするならば、人間の行為を規制する統一的な規範を求めようとするよりも、むしろ画一性を最小限にとどめる道を模索すべきなのだ。

現代の一部の思想家および為政者の大半は、人類につまらぬ画一性を押しつけたがっている。生命場からわれわれが学ぶべきもっとも大切なことのひとつは、自然界においては、一分のすきもなく組み立てられた組織と、無限ともいえる多様性とが同時に存在しているという点だろう。われわれが自然に学ぶ努力を続けていくならば、いかに困難であろうとも、問題解決の時期は近づくものと思われる。

7　新大陸としてのLフィールド

古代のヴァイキングたちが大西洋横断航海にのりだしたとき、いったいどういうもくろみがあったのか、今となっては知るよしもない。おそらく彼らは、神秘的な伝説にいろどられた未知なる領土を夢見ていたのだろう。しかし、彼らが現実に発見したものは、神秘的でもなんでもない、ただただ広大な大陸の一部だった。

われわれの発見の旅も、これと同じことがいえる。旅のはじめに何を期待したとしても、発見したものは、しごくあたりまえの事実だったのである。

この旅を始める前から、物質界において場と原子は相補性をもち、どちらか一方を欠いても存在できないという事実が知られていた。だから、同じように場と原子からできている生物システムが、その構成パターンを決定し、不断の化学変化にさらされながらもパターンを維持し続ける能力を備えた電場をもっていると考えることは理にかなっている。

生物の電気現象の存在を立証している脳波や心電図の経験からも、この考えは支持される。そして、物理学の常識として、電位があるところには必ず場が発生しているのだ。

だから、Lフィールドの存在を想定することはけっして無理ではなく、それはちょうどヴァイキングたちの目に映った海の反対側の新大陸みたいなものである。しかし問題は、望ましい目的地をどうやってみつけるかである。彼らの場合と同じく、目的地はすぐ目に見えるようなものではない。だが、ヴァイキングの時代とちがってわれわれの周囲には、見えないものを見るテクノロジーがある。

電磁場は目には見えないが、われわれはそれが存在することを知っており、現にさまざまな方法でそれを実用化してきている。同様に、電子を見た人もいないけれど、その利用法は知られている。だからヴァイキングたちには思いもよらなかったことだが、現代のわれわれは見えない結果を予測することができるのである。

もっとも、優秀な航海用具が必要だという点では、彼らの時代と何ら変わるところはない。ヴァイキングたちは、大西洋横断のために嵐の中でも波を切って走ることのできる新造船を必要とした。一方われわれのほうは、海面に無用な波をたてずに航海ができる用具を開発する必要があった。測定対象とする生体組織自体の電流を乱さないようにしたかったのである。これにはじつに三年を費したのであるが、ヴァイキングが船を新しく造るのなら、こんなに長い時間はかからなかっただろう。

ここで強調しておきたいのは、われわれの目的地は近くに見えてはいたが、研究を始めたころは、そこに到達できるという保証はなかったということである。理論がいかに立派でも、実験で確かめられなければ本物にはならないのだ。科学という船も、困難な実験という海の中で沈没してしまうことだってあるのだ。だが、あらゆる発見の旅につきものであり、それらに興味を添えるのが、この不確実性という要素なのである。

とはいえ、結果がはじめから予見可能であれば、それだけ時間のロスが防げることも事実である。この点、われわれの当初からの仮説が実験に耐えるかたちにデザインされていたのはとても幸運なことであり、これで時間と労力の無駄をおおいに省くことができた。それから、現代科学が生体の電気特性に関する仮説を検証できるまでに進歩していたということも、われわれに幸いしたといえる。

この仮説は、過去何年にもわたる実験的検証に耐え抜いてきた。生体を電気測定すれば、つねにそこには電位差が観測される。そしてこの電位差は、必ずパターンを形成するのである。長年の実験結果を集約すると、生物システムの場の特性は生命の基本特性であるという考えが、疑う余地のないもののように思えてくるのだ。

さらに、生命場が秩序あるパターンを備えていることからみて、それは宇宙の基本的パターンの一部にちがいないと考えられる。したがって、宇宙とは一種の電場であって、その内部にあるものはすべて、その全体的場を補完または構成する役割をになっているのである。

こういう考えはむろん、新しいものではない。何が新しいのかというと、生物がまとっている生命場を再現可能なかたちで測定できるようになったことである。そして明らかになったことは、生物システムがこの宇宙に突然出現した特殊な創造物ではなく、宇宙の法則と秩序というパターンの必要欠くべからざる構成要素であるということだ。

あるとき、筆者はこうきかれたことがある。「場を構成している電気って、どういうものなんですか?」これについては、ある著名な物理学者の次の言葉にまさる解答はないと思うので、ここに紹介してみたい。「電気とは、大自然の営みの道具である」

機械で測定することができ、一定の規則的パターンにしたがう電気は、べつに不思議な現象でも他から遊離した現象でもなく、それは宇宙の基本的性質のひとつに帰せられるべきものなのである。

電場には、数えきれないほどの名がつけられている。これまで、電磁場、静電場、そして動電場について、それぞれ意味を区別して用いてきた。だが、これは正しくない。ちがいが生じるのは、どのような測定器具を用いるかによるのである。電磁力を測るように設計された機器による場の測定データは、電磁場だと定義されるし、生物の場の力学的変化を測定した場合、それを動電場と呼んでいるにすぎないのだ。

場はもちろん、その一部分を測っているにすぎない測定器よりもはるかに重要である。それは、宇宙の体系をコントロールするエネルギー源なのだ。場の電気特性は、量的なもののほかに方向性をもっている。それは、すべての荷電粒子の位置を定め、エネルギーの流れに方向性を与えるのである。

8　神経系を方向づける生命場

「ドングリはなぜいつもカシになるのか？　どうしてイチジクにならないのか？」と、古代ギリシャ人が疑問を抱いたとき、彼らは、近代的な装置が生命場を発見するまで解けなかった生物学の核心的問題にせまっていたのである。

生物一般の進化、ことに神経系の進化については、ある面ではいきつくところまでいったと多くの生物学者たちは考えていた。人間の神経系をわざわざ研究してみるまでもなく、高度な識別能力を備えたユニークな反応システムが進化によってつくり出されたことは明らかだった。

行動をコントロールするさまざまなレベルについて考えてみるなら、われわれの行動の大部分が完全に自動化されていることは明らかである。それを決定しているのは、神経系が遺伝的に受け継いだパターンである。これは、神経－筋肉メカニズムに限らず、新陳代謝の全過程、同化作用および分解作用を含む身体の化学反応についてもあてはまる。

自動化されているもののひとつに、運動機能がある。たとえば、われわれが歩くとき、べつに意識しているわけでもないのに手足を交互に出して進んでいる。それから、ペンの持ち方をはじめ、詳細に教わらなくともいつのまにか身についていることがけっこうある。たとえばネクタイを結ぶ場合などのように、ほぼ自動化している動作は、へたに意識すればかえってしくじったりするものだ。練習と経験を積むことによって、われわれはこういう技の多くを身につけるのだが、いったん感覚で覚えこんでしまえば、やがて意識して筋肉を動かさなくともすむようになる。

行動の統御の最高レベルに位置するものとしては、識別作用がある。これは正常人の間でもかなり差があるのだが、これがあるために人間として正しいと思う道の選択とか、現在と過去を区別することなどが可能になるのである。人間という生物は、その高度に発達した識別能力ゆえに、この地上でもなみはずれてユニークな存在となっている。

このような神経系が、やみくもな偶然の作用だけでしだいに発達してきたというのは、ちょっと信じがたいことである。というのは、識別能力というものは本質的に、偶然と相容れないものだからである。まして、人間の高度に進化した能力に至っては、ものはずみから生まれたとはとうてい信じられない。

では、偶然がわれわれの神経系を造ったのでないとしたら、いったい何が原因なのだろうか？じつは、それを発達させてきたのは、方向性と組織性なのである。本書で紹介してきた、かずかずの実験が、その仕事を成し遂げさせているのが場という力にほかならないことを証明している。卵の軸に沿ってカエルの神経系が発達してくる過程や、一粒の種が巨木に育つまでの過程にそれが作用している例を、われわれはみてきた。さらに、生理的、心理的状態の変化に先立って場に変動が起こることも、われわれは知ることができた。予想を行なわない組織などありえないように、これらはすべて、そこに体系だった組織があるがゆえの性質なのである。

したがって、肉体を進化させる機構である生命場にとっても、人間の神経系はきっと会心の作にちがいない。生命場を研究すればするほど、それだけ人間の本質について多くを学ぶことが期待できるのである。

9　ただひとりの「設計者」

あなたもわたしも、組織パターンの産物である。あるいは、デザインが生んだといってもよいかもしれない。それなら、電気アイロンや粒子加速器の類と同じではないか、という人もいるかもしれないが、それらはここでいう「設計者」が意図したものではない。宇宙には、このデザインがあますところなく示されている。それゆえ、わざわざ宇宙に飛び出して、それが「設計者」

の被造物かどうかを確かめに行くこともあるまい。

宇宙には「設計者」がたくさんいると考えるのには無理がある。宇宙は、電場によって造られ、維持されている単一のユニットなのである。そして、このすべてを包含している場とは、「設計者」の被造物であり、道具でもある。あなたもわたしもこの場および、このデザインの一部であり、混沌から生まれた意味のない塊などではけっしてない。

場について限られた知識しかなく、また、「設計者」については皆目わからない現状で、それらの本質についてうんぬんするのは馬鹿げていると思うかもしれない。それらについては個々人が、それぞれの仕方で理解するのが一番よい方法だ。

場の概念がもたらす第一の価値は、われわれに宇宙の意味を教えてくれるという点にある。つまり宇宙のデザインと組織は、方向性だけでなく目的をも持っているということである。さらにもうひとつの価値ある点は、あたかも重力の法則のように、だれにでも受け入れられる宇宙像を提供してくれることである。

またそれは、ただひとつの神だけを信ずる宗教とも共存できる考えでもある。だがその一方で、宗教が忌みきらう、物質と精神という二元論に支持を与えるのも、この宇宙観なのだ。しかし、すべての人類の上に在る、ただひとりの「設計者」、および、すべてを包含する場というものを受け入れるならば、物質界の法則、精神世界の法則などという区別は、もはやどうでもよくなるだろう。

この相対立するふたつの法則という概念を払拭できれば、人類の抱える問題や対立のいくつかは楽に解決できるだろう。先進諸国では、自然科学の法則はひろく受け入れられている。しかし、北アイルランド紛争の例でもみられるように、精神世界の法則に関して、ときには暴力的な対立も数多く生じている。もし、全人類が宇宙の同じ法則にしたがっており、目的と運命を同じくする存在であるという認識が、よりひろい支持を受けるなら、このような対立もしだいに解消されていくものと思われる。

法律の専門家たちの手でつくられた、社会の良心を反映させた法規でも、「良心」に関する混乱した見解が統一されるならば、いつかは限りなく自然の法則に接近していくことだろう。

そして、その過程では、法律家の手になる現今の法が、秩序の維持と犯罪行為の抑止という実用的な面を主たるねらいとしているのに対して、むしろ何が善でなにが悪かといった基本的な問題がクローズアップされてくるだろう。われわれはいまだに、善悪対立の構図でしか物事をとらえようとしない。それに、正しい道を選択しようとすれば、ほとんどいつもしくじってばかりいる。おそらく、もっともあやまちの少ない賢明な方法は、なるべく自然法則と矛盾しない道を選ぶことであろう。

たとえば、重力の法則は明らかな真実であるがゆえに、法的にも道徳的にも正しいことだとみなされる。もし、だれかがそれを認めることを拒否して崖から落ちたとしても、重力の法則はその責任を問われることはない。われわれは自然の法則に照らして、善悪の概念を正していく必要があるのだ。

われわれが生きている環境にあえて反旗をひるがえして、悪事をはたらく人がたえないのはどうしてなのだろう。これに答えるのは容易ではないが、ただいえることは、人間の神経系はひとすじなわではゆかぬほど複雑きわまりないものであり、外界の刺激だけでなく、自分の内面からの刺激にもさまざまに反応するものだということである。

たとえば、一文なしの男が宝石店のショーウインドーで銀製品を見た場合、ものほしそうにながめるだけで足ばやに立ち去る者もいれば、ガラスを割ってそれを盗みだす者もいるといったぐあいに、同じ刺激に対しても反応は人により大幅に異なる。

Lフィールドと人の心のかかわりについて究明が進むならば、なぜ同じ考えや同じ刺激に、ちがった反応が生じるのかという点についても、解明の手掛かりが与えられることだろう。だが、われわれが善いとか悪いとかいっているものも、宇宙の一部であることはまちがいない。この宇宙には、そのデザインからはずれたものは、ひとつも存在しないからだ。

10　終わりなき旅

それでは、この発見の旅をもういちどふりかえり、冒険の成果があなたとわたしに何をもたらしたのか考えてみよう。

まず、われわれはみな、宇宙の場を構成しており、したがって同じ場という絆でむすばれている、ということが明らかになった。だれも宇宙の場、あるいはひとりひとりの固有の場と無関係でいることなどできないのだ。

さらに、われわれは法則と秩序によって組織性を与えられた全体的なデザインの一部である。そして、何世代にもわたって人間の神経系をゆっくりと進化させてきたのも、このデザインなのである。宇宙にもこれと同じようなことが起こっていると思っていけない理由はない。これがすべて、たった一度のビッグバンによってつくられたと考えるのには、どうも無理がある。むしろ、いまだ発展途上にあると考えるほうが妥当なのではないか。

宇宙の進化はきわめてゆっくりとしたもので、一夜にしてわれわれの望む方向に進むようなものではない。あなたやわたしも、この進化の過程から生まれてきたものなのである。偉大な宗教家も、敏腕の法律家も、いかなるものもこの進化の流れを変えることはできない。

究極の宇宙像、あるいは人間の行き着く先でさえも、今のわれわれには理解を超えている。ただいえるのは、進化が森羅万象におよび、しかも混沌ではなく確たる方向性をもっており、そこには終着点が必ずあるはずだということである。

人類が宇宙の進化の、ある目的をもったプロセスの一部であるということは、それだけ人類の存在に意味をもたせるものでもある。

この世界の「設計者」は、ちょうど人間が経験から学んでいくように、試行錯誤を繰り返しながら、場の力と物質との相互作用を観察するという目的をもっているのではないかと思えたりもする。もしそうだとすると、この世に絶対的な価値などないことになる。われわれも、そして宇宙も、発展途上なのだから。

人の価値観が、そして善悪の判断基準が、場所により、あるいは世代や時代によりさまざまに変化している事実を考えると、やはりそうだとの感を深くする。

生命も、そして宇宙も、間断なく進化を続け、よりよき道を模索していると考えることは、エキサイティングでさえある。そして、人間の問題に即席の答えが存在しないことも、人類にとって幸いであったといえる。その一方で人間は、自然の法則を学び、それらを自らの行動のよりよき理解のために応用する才に恵まれているのである。

＊　＊　＊

ここに示した数々の実験記録は、未知への長い旅における最初の踏み石であり、将来の科学的冒険のための道しるべとなるものである。

それらのすべては、宇宙が秩序あるシステムであり、人間はその秩序ある構成部分であることを示している。そして、法則と秩序は、ありとあらゆるところにいきわたっており、混沌があるとすれば、それは単にわれわれの情報の不足を示すものにほかならない。

つまり、宇宙には意味があり、これはわれわれ自身についても同様である。だが、われわれはまだその意味を理解していない。場という概念を武器にした科学の冒険、そしてわれわれ自身の冒険は、どんどん変貌し、成長していく生命の意味を問いかける旅でもあるのだ。

第2部——専門家による生命場測定の試み

Selected Papers

1・子宮がんの電気測定

医学博士　ルイス・ラングマン

（本レポートは、ニューヨーク大学医学部産婦人科およびベルヴュー病院第三外科・産婦人科にて実施された研究をもとにしている。また、ここで用いた統計分析については、コロンビア大学工学部のセバスチャン・B・リタウアー教授の手をわずらわせた。この場をかりてお礼申し上げたい。）

健康な人間の場のエネルギーを測定する技法については、すでに他の文献で紹介したが、[1] ここでは、がんが基本的に場の変化に起因するという仮説を検証する試みについて述べてみたい。患者の場の特性を測定すると、がん患者とそうでない者との間に、はっきりした差がみられることがわかっている。子宮頸部と腹壁間で測定した場合、正負の極性が健康な者と異なる例が、がん患者のほとんどにみられるのである。

では、測定の実際について簡単に述べよう。機材にはマイクロボルトメーター（真空管で構成されたホイートストーンブリッジ（四三ページの訳註6参照）および、生理的食塩水に浸した銀／塩化銀電極そしてGE製光電子記録計を用い、そして電極の「ホット」側を患者の下腹部にバンデージで固定し、「コールド」側電極を後部膣円蓋まで挿入する。こうすれば、任意に設定したゼロポイントを中心にして記録計のペンが左右に動き、定常電位が観測される。この場合、電位は左側が正、右側が負となる。

予備的な研究[2]の中でとりあげた三〇例の女性患者のうち、約半数が病理検査で悪性腫瘍であることが確認されていたが、それらは下腹部に対して子宮が負の電位を示すという特徴があった。残りの半数は、慢性子宮頸炎など悪性腫瘍以外の病気をもつ患者であるが、悪性腫瘍群とは対照的に、三例を除いてみな正電位だった。

これよりあとに行なわれた四二八人の女性患者を調べた研究[1]によれば、生殖器系のがんと診断された七五例のうち、九八・七パーセントが一貫して負電位を示し、そして、がん以外の病気と診断された残りの三五三人については、そのうち八一・九パーセントの二八九人が正電位を示した。

ところで、がんでないと診断された患者の中で負電位を示した六四人については、悪性腫瘍には至らないまでも、組織の成長と分化をコントロールする能力が低下しているのではないかと思われる（負電位は排卵という現象とも密接に関連していることが報告されているので[3]、これに該当する八人を除くと、このグループは五六人となる）。

●現在までの研究状況

その後もこの研究は続けられ、調査された対象も八六〇人にのぼる。その結果からみて、この技法が女性特有の生殖器の腫瘍の早期発見に有効なのではないかと期待されている。

調査対象となったのは、ベルヴュー病院婦人科の患者で、一年半以上入院治療を受けている者も含んでいた。なかには診断が確定していない者もあったが、ほとんど全員が婦人病の症状を訴えていた。これと比較するために、健康な人のグループがランダムに選ばれた。このうち約一五パーセントが医療関係者とその友人たちである。このグループの測定データを第4表に示す〔一七九ページ〕。

第1表は、骨盤臓器悪性腫瘍患者の測定結果で、年齢別にグループ分けを実施している。すべての例では、がんであるという診断は、慎重な病歴調査のあとでなされている。そして、がんまたはその疑いのある入院患者全員について、診断が確定する前に測定が行なわれた。

第1表をみれば、五例を除くがん患者すべてに負の電位が記録されていることがわかる。一方、正電位を示した五例についてもいずれも悪性の腫瘍であり、それらの内訳は、第I期および第II期の子宮頸管上皮腫が三例、卵巣がんの再発および重度の卵巣嚢腫となっている。しかし、一部例外があるとはいえ、がんと診断された患者の大部分に負電位がみられるという傾向は、かなりはっきりとあらわれている。

第1表　骨盤臓器悪性腫瘍患者の電気測定結果

診断＼年齢	21—30		31—40		41—50		51—60		61～		合計
	正	負	正	負	正	負	正	負	正	負	
上皮内がん*	0	2	0	2	0	1	0	1	0	1	7
I期	0	0	0	3	0	1	0	3	0	1	8
II期	1	0	1	2	0	3	1	5	0	6	19
III期	0	0	0	9	0	5	0	4	0	8	26
IV期	0	0	0	3	0	8	0	4	0	7	22
腺がん	0	1	0	0	0	0	0	0	0	1	2
子宮底がん	0	0	0	2	0	3	0	7	0	6	18
卵巣がん	0	1	0	2	1	2	1	3	0	3	13
膣がん	0	0	0	0	0	0	0	0	0	1	1
外陰がん	0	0	0	0	0	0	0	0	0	2	2
子宮肉腫	0	0	0	1	0	1	0	0	0	0	2
転移がん	0	0	0	0	0	0	0	1	0	2	3

＊このあと２つの上皮内がんの事例が追加測定された。うち１つは正電位を示し、他の１つは負電位を示した。従って上皮内がん９例中８例が負電位を示したことになる。

したがって、ここで用いられた技法が、子宮頸管がんの早期発見やがん切除手術の必要な患者の選別などに応用できる可能性があるといえよう。

次に良性腫瘍と診断された患者の測定結果を第２表に示す。ここで注目されるのは、閉経後も出血がみられる女性に、そこにはがんの証拠がないにもかかわらず、がん患者のように負電位が観測されている点である。これに続いて負電位がよくみられるのは、偏平上皮化生を伴った慢性子宮頸炎の場合である。また、このグループでは、年齢が高くなるほど負電位となる例が多くなっている。これは、年齢が高くなるにしたがってがんの発生率が上昇していく傾向と何か関係があるかもしれない。

さまざまなタイプの生体組織に関する知

第２表　良性の患者の電気測定結果

診断＼年齢	10―20		21―30		31―40		41―50		51―60		61～	
	正	負	正	負	正	負	正	負	正	負	正	負
子宮繊維症	0	0	17	3	59	6	35	6	2	4	1	2
骨盤炎	17	1	58	2	28	3	2	3	0	0	0	0
妊娠	7	1	38	7	18	4	2	1	0	0	0	0
子宮頸管炎	2	0	22	3	29	5	33	7	7	5	0	2
良性卵巣嚢腫	3	1	8	2	6	1	2	1	0	1	0	1
増殖期または分泌期の子宮体内膜	2	1	20	1	22	2	17	1	1	2	0	0
子宮内膜増生症	2	0	4	1	3	0	7	2	3	1	0	0
子宮内膜炎	0	1	8	0	5	0	0	0	0	1	0	0
閉経	0	0	0	0	0	0	0	0	10	10	0	1
子宮頸管ポリープ	0	0	2	2	1	0	3	0	0	1	0	3
子宮体粘膜ポリープ	2	0	3	0	4	2	2	1	2	2	0	0
排卵	0	0	0	3	0	5	0	1	0	0	0	0
子宮内膜症	0	0	1	0	0	1	1	0	0	0	0	0
外性器肉芽腫	0	0	2	1	0	0	0	0	0	0	0	0
性器瘻	0	0	0	1	0	0	1	0	0	0	0	0
子宮頸肉芽腫	0	1	0	1	0	1	0	0	0	0	0	0
膣炎	0	0	0	0	0	0	0	0	0	0	0	2
子宮血腫	0	0	0	0	1	0	0	0	0	0	0	0
白斑症	0	0	0	0	0	0	0	0	0	1	0	0

識が豊富になるにつれて、がんとは組織が突然侵略的なものに変化するのではなく、むしろ発生のプロセスのひとつの帰結だとの考えが有力になっている。偏平上皮化生と子宮頸管がんとの関係については現在論議のあるところであり、これと電気測定結果とを結びつけるのは時期尚早だろう。最近の研究によれば、子宮頸管がんが増殖を始める前に、数年間、局地限定的に存在する時期があるということだ。[4〜14] また、偏平上皮化生と負電位との関係については、今後さらにフォローが必要だと思われる。ともかく、がんと負電位には有意な関連がみられることから、電気測定の結果、負の極性を示した患者は、一応がんとの関係を疑ってみたほうがよく、注意深い経過観察を行なう必要があると思われる。

がん患者の中で正電位を示すグループについては、腫瘍の進行度合いによってちがいがみられるのかどうかをぜひ確かめてみたい。そして、五年程度観察を続ければ、がんを予知する技術として電気測定法が有効であるかどうかがはっきりするだろう。

電気測定によって治療の経過を観察したことがあるが（第3表）、上皮内がんのために子宮摘出手術を行なったあと、電位が負から正に転換した例があった（13〜15の患者）。だが、このような極性の転換は、これよりも進行した子宮頸管がん（第II〜III期）で、根治手術か放射線治療を受けた患者にはみられなかった（5、7の患者）。また、手術する前に子宮頸管の偏平上皮化生だと診断された患者にも、子宮摘出後は同様の極性転換がみられた（1、2の患者）。

つまり、電気測定結果にみられるこういった傾向は、病変した生体組織が原因となって生じた

第3表　手術または治療後の患者の電気測定による経過観察

番号	患者名（年齢）	事前測定	診断	治療	事後測定
1	FW (41)	'48/2/5　負	扁平上皮化生を伴う慢性子宮頸嚢胞	'48/2/16　膣摘出	'48/6/22　正
2	ES (34)	'47/7/23　負	扁平上皮化生を伴う慢性子宮頸炎	'47/7/15　子宮全摘出、両側卵管摘出	'47/12/16　正
3	HH (36)	'47/1/28　正	扁平上皮化生を伴う慢性子宮頸内膜炎	'47/1/31　子宮全摘出、両側卵管摘出	'47/12/11　正
4	AH (48)	'47/10/20　負	慢性子宮内膜炎	'47/10/22　頸管開大と掻爬、断端切除	'47/5/22　負
5	BM (43)	'47/10/16　負	子宮頸がん	'47/10/17　根治的両側卵管摘出、子宮全摘出、ラジウム 6720 時間	'47/6/23　負
6	KC (46)	'47/10/27　負	扁平上皮がんIII期	'47/11/12　X線 1800 単位、'47/12　ラジウム 3360mg/ 時間	'48/6/23　負
7	MG (34)	'47/3/4　負	子宮頸がんII-III期	子宮全摘出　'47/5/26、X線 1800 単位、ラジウム 4320ng/ 時間	'47/5/1　負 '47/7/7　負 '47/9/12　負 '48/2/26　負
8	LJ (51)	'47/11/19　負	扁平上皮がんII期	'47/1/22　子宮全摘出、照射後子宮頸管萎縮	'47/2/4　負 (全摘出後 12 日目)
9	MJ (50)	'48/1/20　負	子宮底がん	'48/4/2　子宮全摘出、両側卵管摘出	'48/5/13　負
10	BM (48)	'48/10/8　負	子宮肉腫	'48/10/15　子宮上頸部摘出、両側卵管摘出	'48/12/10
11	AJ (28)	'48/8/21　負	上皮内がん、子宮頸がん　子宮上頸部全摘出、両側卵管摘出にともなう断端 '47/6/28	'47/8/18　X線 6900R単位、ラジウム 2760mg	'47/9/29　正
12	AS (33)	'47/12/22　正	繊維腫	'48/5/12　子宮全摘出、両側卵管摘出	'47/5/18　正 '47/6/16　正
13	RP (50)	'48/5/6　負	上皮内がん	'48/5/14　子宮全摘出、両側卵管摘出	'48/5/26　正
14	MW	'47/4/19　負	上皮内がん	'47/4/25　子宮全摘出	'48/10/28　正
15	BL	'48/4/8　負	上皮内がん	子宮全摘出、左側卵管摘出	'49/2/10　正

ものだと考えられるのである。その証拠に、当該の組織を取り去ると、極性が完全に逆転してしまうのだ。なお、組織の切除が完全でないと、こういう逆転現象は起こらない。

この発見が学問的に意義があるのはむろんのことであるが、それよりも、治癒の進行状況を判断する基準のひとつとして、電気測定法が役立つ可能性をもっている点を評価したい。しかし、最終的な判断を下すには、より多くのサンプルを用い、かつ十分な期間をかけて追試を行なう必要があると思われる。ベルヴュー病院の患者の場合、退院後も経過観察が可能な数がどうしても限られてしまうのだ。

婦人病の兆候がみられない健康な女性をチェックする方法としても、電気測定法は有効である。第4表は正常な女性の測定記録であるが、じつに九四・九パーセントが正電位を示しており、第5表のがん患者の測定結果が九五・九パーセントまでが負電位であるのと、際だった対照をみせている。これらの記録は、同じ技法を使い、さらに大規模な実験を行なう必要性があることを示している。

今のところ、本稿で紹介している諸発見については、明確に説明がつけられる段階には至っていない。しかし、がんと電気測定結果との間に明確な関連性がみられたという事実は残る。この方法が、女性特有のがんを発見する検査技術として実用化できるかどうかという点については、これまでになされた他の観察例からみても、その可能性は大であると思う。乳がんの予備的研究においても同様の結果が得られており、胃の悪性腫瘍について行なわれた同様の研究[15]においても、

第４表　健康な女性の電気測定結果

年齢	正	負	合計
10—20	5	0	5
21—30	43	0	43
31—40	14	0	14
41—50	7	1	8
51—60	3	2	5
61 以上	2	1	3
合計	74	4	78

第５表　悪性腫瘍患者の電気測定結果

年齢	正	負	合計
10—20	0	0	0
21—30	1	4	5
31—40	1	24	25
41—50	1	25	26
51—60	2	29	31
61 以上	0	36	36
合計	5	118	123

第６表　良性疾患患者の電気測定結果

年齢	正	負	合計
10—20	40	6	46
21—30	229	27	256
31—40	194	29	223
41—50	116	24	140
51—60	29	29	58
61 以上	3	11	14
合計	611	126	737

悪性か良性かを診断するまたとない方法であることが明らかになっている。この技法はまた、男性の前立腺がんの発見にも応用できそうだ。現在のところ、他に満足できる方法がないのである。

●統計的分析と考察

医学検査は、実施した結果によって確実に診断ができるものほどよい。たとえば、はしかの発疹に先立って頬粘膜にあらわれるコプリック斑点について、所見が異なるようなことはひじょうにまれである。また、妊娠の判定に用いられるアッシュハイム・ゾンデック妊娠反応も、かなりの確実性をもっている。

女性生殖器の組織の状態は、電気測定によってかなり正確に判定できることは、これまで記したとおりである。組織の状態は生体組織切片検査によって形態学的に判断するのが、もっとも確実なやり方であることは疑いない。しかし、そのような方法が使える部分はどうしても限界があるので、診断に万全を期すためには、電気測定法などを補助的に用いていくのがベターであると思われる。

同じ患者について、電気測定結果と子宮頸管から採取した塗抹標本の細胞検査結果とを比較したのが第7表である。これらの患者はほとんどが形態学的所見からがんと診断されており、その内訳は二三人が子宮頸がん、三人が上皮内がんもしくは前期浸潤がん、四人が卵巣がん、そして

第7表　悪性腫瘍診断に関する細胞検査と電気測定の比較

番号	患者名	細胞検査	電気測定	診断
1	YA	正常	負	子宮頸断端がんIII期
2	OH	がん	正	子宮頸がんII期
3	LM	がん	負	上皮内がん
4	VO	正常	負	子宮頸がんII期，処置済み
5	RW	がん	負	子宮頸がんII期
6	RP	がん	負	上皮内がん
7	ED	正常	負	子宮頸がんIV期
8	BL	がん	負	子宮頸がんI期
9	QG	がん	負	子宮頸がんI期
10	FW	がん	負	子宮頸がんIII期
11	PS	がん	正	子宮頸がんII期
12	ME	正常	負	子宮頸がんII期
13	AH	がん	負	子宮頸がんIII期
14	AD	がん	負	上皮内がん
15	BM	正常	負	子宮頸がん，処置済み
16	RJ	がん	正	子宮頸がんII期
17	GC	正常	負	子宮頸がん，処置済み
18	WE	がん	負	子宮頸がんIV期
19	AF	正常	負	子宮頸断端がん
20	AF	がん	負	子宮頸がんIV期
21	CS	正常	負	子宮頸がんII期
22	EM	正常	負	子宮頸がんIII期
23	MR	がん	負	子宮頸がんIII期
24	AJ	正常	正	卵巣がん
25	LV	がん	負	膣転移卵巣がん
26	AP	正常	負	類皮嚢胞腫での偏平上皮がん
27	SG	正常	負	卵巣顆粒膜細胞腫
28	YF	がん	負	子宮体腺がん
29	MD	がん	負	子宮体腺がん
30	CB	正常	負	子宮体腺がん
31	BD	正常	負	子宮体腺がん
32	DL	正常	負	子宮体腺がん
33	SS	正常	負	子宮体腺がん
34	MMc	がん	負	膣がん
35	MS	正常	負	バルトリン腺がん
36	ML	特定できず	負	子宮頸内膜炎
37	AP	特定できず	負	慢性子宮頸管炎

六人が子宮体腺がんであった。一方、電気測定結果ががん細胞の特性とされる負電位を示し、細胞検査でも、がんと診断されたのが一五例（子宮頸がんが一一人、膣まで転移した卵巣がんおよび初期膣がんが各一人、子宮底がんが二人）、細胞検査でがんという結果が出たが電位は正であったケースが子宮頸がんのうちの三例にみられた。また、これとは逆に、細胞検査の結果は異常がなかったが電位は負であったケースのうち、子宮頸がんが九例、子宮底腺がんが四例あった。

これらの点からみて、電気測定法は細胞学的検査に十分匹敵するだけでなく、よりすぐれているのではないかとさえ思わせる。

臨床検査と電位測定という二通りの検査結果の判定は、統計的に行なわれる。人間の諸属性の測定値は人によりさまざまに異なるのだが、それらは単に「もの」としてみた場合、別にちがいはない。

人間の属性の中には、指や手の本数のようにだれにでも共通しているものがある反面、それらの幅や長さなど、個体によりかなり異なるものもある。また、体重など、一定の規則にしたがって分布するものもある。診断を統計にもとづいた基準によって行なう必要があるのなら、それはどうしても機械的な作業にならざるをえない。したがって、診断を確実に行なうためには、検査はなるべくシンプルなほうがよい。また、過去の検査実績がいかに多数にのぼろうとも、それらは全人口からみれば一部にすぎず、その結果を一般的に適用するのは一定の条件つきであることを忘れないようにしなければならない。

第８表　疾患の状態と極性の関係（全体）

極性	悪性	良性	合計
正			
実測値	5(a)	611(b)	616(a+b)
(期待値)	(88.1)	(527.9)	
負			
実測値	118(c)	126(d)	244(c+d)
(期待値)	(34.9)	(209.1)	
合計	123(a+c)	737(b+d)	860(n)

x^2=318.5115

実験的証拠から何らかの有効な仮説を導くためには、ひろく認知された行動基準を必要とする。先に示した実験結果から推測されるのは「子宮や卵巣などの悪性腫瘍の場合、負電位を示す傾向がある」という仮説であるが、これを確認するための基準について次に検討してみたい。

実験結果を統計的に分析する際には、サンプリングによる誤差を十分考慮する必要がある。たとえば、ここに示したデータは入院患者に限ってのものである。これらの患者については事前に、その大部分が生殖器に疾患があることはわかっていたが、電位測定を実施したものはなかった。また、臨床検査を行なった医師は、電位測定結果を知らされていないので、診断の際にそれらが無意識的に影響を与えた可能性はない。また、結果の統計分析は、悪性腫瘍と負電位の関連性が偶然に生じたのかどうかという観点にもとづいている。

第５表と第６表の統計分析は次のような手続きで行なわれた。

まず、八六〇例のデータを、極性別、悪性／良性別に分類し、第8表を作成した。この表でみると、腫瘍が悪性のものが一二三例、良性のものが七三七例、そして電位が正のものが六一六例、負のものが二四四例である。

ここで検証すべきは、「観測された電位は患者の状態と関連性をもっているのか、それとも偶然の一致にすぎないのか」という点である。

もし、電位と腫瘍がまったく無関係ならば、前ページ第8表の（ ）の中に示した数値に近い値が実際に観測されるはずである（偶然期待値）。ところが現実に観測された数値をみると、悪性腫瘍で電位が正のものが期待値の八八・一に対して五例しかなく、これに対して負電位のものは期待値の三四・九を大幅に上回る一一八例もある。良性の例にもやはり同様のズレがみられる。

全部で八六〇のケースは、ここでは電位の極性および腫瘍の悪性／良性という二通りに分類されているのだが、ここで、これらのふたつが互いに無関係な（独立した）事象であるのかどうか、という点を検討しなければならない。そして、その結果、無関係ではないということがわかってはじめて、負電位と悪性腫瘍には関係があると結論することができる。

このような場合に用いられるのがカイ二乗（x^2）検定という統計法で、第8表の数値をあてはめてみると次のような計算になる。

$$x^2=\frac{(|ad-bc|-n/2)^2 n}{(a+b)(c+d)(a+c)(b+d)}=318.5$$

この計算結果は、偶然にこのような値が出る確率が一〇〇万分の一以下であることを示しており、したがって極性と生体組織には有意な関連があるといえるのである。

この結果はまた、電気測定法が医学検査に十分使えることを意味するものであり、重要な意義をもっている。これが実用化されれば、現在、細胞の顕微鏡試験などの臨床検査に要している多大な時間と費用を節約することにもつながる。実際のところ、電気測定なら熟練した技師がいれば、測定器一台あたり一時間に五件の測定をこなすことができると予想され、規模が大きくなればなるほど、単位あたりコストの節減効果は十分期待できる。

この計算結果は、患者の大部分に腫瘍組織が存在することを強く示唆している。負電位が、必ずしも悪性腫瘍の存在を意味するとは限らないが、それでも悪性腫瘍の九五パーセントは負電位だったという事実がある。

したがって、実際は良性である例もけっして少なくはないものの、ほとんどの場合、負電位は女性生殖器に悪性腫瘍が存在する指標である、と結論づけてさしつかえないのではないかと思われる。

望むらくは母集団全体を調べるのが理想だとしても、現在のテスト方法でも十分であり、少数の人を特別に調査する必要性は薄い。

では、この関連の強さについてはどうなのだろうか。現在の統計手法では決定的なことはいえないとしても、手元の事例では関連性は顕著にあらわれているので、簡単な統計検定によって関

第9表　疾患の状態と極性の関係（21－60歳）

極性	悪性	良性	合計
正			
実測値	5	568	573
期待値	65.25	507.25	
負			
実測値	82	109	191
期待値	21.75	169.25	
合計	87	677	764

x^2=171.2262

第10表　疾患の状態と極性の関係（21－40歳）

極性	悪性	良性	合計
正			
実測値	2	423	425
期待値	25	400	
負			
実測値	28	56	84
期待値	5	79	
合計	30	479	509

x^2=131.1986

第11表　疾患の状態と極性の関係（41－60歳）

極性	悪性	良性	合計
正			
実測値	3	145	148
期待値	33	115	
負			
実測値	54	53	107
期待値	24	83	
合計	57	198	255

x^2=80.6839

連性の強さを十分正確に示すことができる。

現在の研究*においても、運悪くめったにない事例に出くわしたのでなければ、悪性腫瘍の一〇例中九例までは負電位が記録されるのである。

この場では、統計検定について深く検討することはしないけれども、第9表〜第11表と、そのカイ二乗検定結果は、どの年齢層を選んでも、関連性は明らかに有意であることを確実に示している。

今後は、より大規模な測定を行ない、統計的により詳細な分析が行なえるようにすべきであろう。そのような計画を現在立案中である。

(*ハンナ・オーレン氏とレオン・N・グリーン博士の協力に感謝したい)

参考文献

1・Langman, Louis, and Burr, H. S. *Amer. J. Obst.and Gyn.*, 1949, 57: 274.

2・Langman, Louis, and Burr, H. S. *Science*, 1947, 105: 209.

3・Langman, Louis, and Burr, H. S. *Amer. J. Obst.and Gyn.*, 1942, 44: 23.

4・Graves, Wm. *Surg., Gyn.and Obst.*, 1933, 56: 317.

5・Pund, E. R., and Auerbach, S. H. *J. A. M. A.*, 1946, 131: 960.

6・Studdiford, Wm. E.(私信)

7・Taylor, H. C., Jr., and Guyer, H. B. *Amer. J. Obst.and Gyn.*, 1946, 52: 451.
8・Goldberger, M. A., and Mintz, H. *J. Mt. Sinai Hosp.*, 1947, 14: 784.
9・Te Linde, R. W., and Galvin, G. *Amer. J. Obst. and Gyn.*, 1947, 48: 784.
10・Knight, R. van Dyck. *Amer. J. Obst. and Gyn.*, 1943, 46: 333.
11・Rubin, I. C. *J. Mt. Sinai Hosp.*, 1945, 12: 607
12・Smith, G. van S., and Pemberton, F. A. *Surg., Gyn. and Obst.*, 1934, 59: 1
13・Stevenson, C. S., and Scipiades, E., Jr. *Surg., Gyn. and Obst.*, 1938, 66: 882.
14・Younge, P. A. *Arch. Path.*, 1939, 27:804.
15・Goodman, E. N.（私信）

2・精神状態の電磁場測定

医学博士、ヴァージニア州保健局顧問　レナード・J・ラヴィッツ

(このレポートは、一九七〇年五月に西独のヨハンネス・グーテンベルク大学で開催された第五回国際催眠・精神身体医学会議に提出された論文、およびアメリカ精神身体医学・歯学会誌の一九七〇年第四号に掲載された記事をまとめたものである。)

1

このごろ米国においてとくに目立つ社会科学の進歩のいちじるしい停滞は、歴史的事実に目をつぶることに由来している。自然史または自然の営みにじかに触れる努力なくしては、根本的な科学の変革など、とうていありえない。そうした努力の結果、人間を理解するうえでわずかでも手掛かりが得られるならば、それは母なる自然の謎を解く最初の一歩を踏み出したことになるのである。今の科学界で主流となっている考えと対立するようだが、人間は自然の一部を構成して

おり、他の無機物と同様、きわめて精密にデザインされていると、私はあえていいたいと思う。たとえば、原形質の精緻な動きについても、われわれは伝統的な機械的化学的「向性」という安易な説明に安住してしまいがちである。それならいっそ、ベルクソンやドリーシュのいうエラン・ヴィタールとかエンテレヒー〔三二、八二ページ参照〕などという、科学的分析がとうてい不可能な超自然的な力が細胞の上で何か指令しているというほうが、よほどましである。

細胞は、この宇宙で生まれた特別な創造物であって、宇宙から生まれたのではない。そしてフロイトが発展させた、不可解な心の各部分と心的エネルギーの複雑な相互作用についての人為的法則にも従っている。言葉を変えてみたり、一種の信仰としかいいようのない超自然的要素をもちこむことで、本物の知識が得られるわけがないのだ。

本書の前の部分にも出てくるように、バー博士とノースロップ博士が三〇年余りにわたって主張してきたことが、測定器によって確認されるようになった。そして、数えきれないほどの実験にもとづいて、両博士が発見した電場が生物の新陳代謝、成長および形態発生をコントロールする基本的機能であることが証明された。これらは、脳波や心電図、そして皮膚電気反射などの現象と異なり、肉体の形態を保持する電気的母胎としての機能を果たしている。

こうした研究は当然ながら、人体はDNA分子の神秘的な活動から化学的に形成されたのだと主張する本流科学の教説と真っ向から対立する。化学反応は、エネルギーとしての量的性質はもっているが、ベクトルはもたず、何らかの方向性を与えてやらないと四散してしまうのである。イエール大学の物理学および科学哲学教授のヘンリー・マージナウ、ユージン・ヒギンズ両博士によれば、生物システムの新陳代謝、化学反応、分子変換に対して、連続的に、かつ直接作用できるのは、現在知られている限り、電磁場と動電場だけだという。そして、これらの場は化学反応が起こる以前にすでに構造が形成されているのだ。そして、場の規模は、生物システムの行動を支配するエネルギーに比例しているようだ。

＊　＊　＊

電流や電気抵抗の変化と無関係に作用している基本的な生物学的プロセスを、客観的に測定することが可能な新型増幅器を入手したとき、これは人間の病気や「催眠」という不可解な現象の研究にも役立つのではないかという発想が生まれた。催眠状態では明らかな生理学的な変化がみられるにもかかわらず、これまで、それらをとらえる客観性、再現性、計量性にすぐれた計測手段がなかった。脳波や皮膚電気反射（GSR）でさえも、再現性や信頼性の点では心ぼそい限りなのだ。

2

一九四八年四月二四日、イエール大学医学部において初の催眠の電気測定が行なわれた。その結果、催眠状態そのものが電磁気的変動を伴っていることが判明した。メスメルの「動物《アニマル》・磁気《マグネティズム》」という悪霊がふたたびよみがえったのだ。この責任はマクスウェルの電磁方程式が負うべきである。しかし、今は場の物理学という、より適切な体系ができあがっている。

その後すぐに新たな発見がもたらされた。生物、とりわけ人間はいちじるしく多様性に富むのだが、長期にわたる観察から、木その他の生命形態にみられるのと同様の周期が測定結果にあらわれていることがわかったのだ。ただしこの周期は二週間におよぶ幅をもっていた。

イエール、デューク、ペンシルヴェニアの各大学医学部において、一九四八年以来、約五〇〇人の被験者について五万回以上にのぼる測定が行なわれた。その結果、人間の感情または行動にある種の周期性がみられた。一次元的な統計手法を多次元的な生物事象の分析に適用するのには、いささか無理があるのだが、それでもかなり高い相関性を示す数字が得られたのである。これで、興奮状態から安静状態までひろい範囲にわたって、電気測定によって精神状態の短期または長期予測を行なう可能性がひらけたといえるだろう。

さて、催眠実験については、被験者が自らコントロールする部分のあることを考慮して、まず催眠の効果の記録と一緒に、催眠前と催眠後の変化を比較することにした。それから、この催眠前後の変化の記録を、それぞれに対応する電気測定記録とつきあわせた。また、あらゆる種類の不安を引き起こす試みも行なわれ、覚醒時および催眠時の自然な不安状態と比較された。さらに、各種の薬物や偽薬を与えて、場の電位や極性との関連を調べる試みも実施された。ほかにも、さまざまな治療法の効果をみる実験が企画された。

実験結果を要約していうと、まず、被験者が催眠などのトランス状態に入れば、場の記録には変動があらわれなくなり、電位もゆっくり低下するのがふつうであった。だが、ときには電位が上昇する例もあった。そして、トランス状態が終了するとともに、劇的な電圧変化が始まった。電位が元の覚醒状態のレベルまで回復するのに要する時間は、被験者が覚醒するまでの時間と一致している。被験者がトランス状態から覚めつつある状態、あるいは部分的に覚醒している様子などは、ペンレコーダーやCRTオシログラフで観察できた(これらの実験結果は、一九五九年に開かれた第二回アメリカ臨床催眠学会年次大会で最初に発表された)。なお、覚醒時には電位の変動はゆっくりで、催眠時に比べて高い電位を示した。

現在では、催眠の深さを電気測定によって知ることが可能である。だが、催眠の深さと複雑な催眠現象を起こす能力との間には関係がないようだ。

3

トランス状態にあるとき、神経や筋肉その他に起こる特徴的な変化については、詳細に研究する価値がある。これまでミルトン・エリクソン博士以外、だれもそういうものに注目してこなかった。すわった目、瞳孔の変化、鞏膜《きょうまく》〔白目の部分〕の変化、まばたき、筋肉の硬直、こういう現象が突発的に起こることがある。これらは、催眠にかかったことがないと主張する人にもみられる現象である。

このような心理的変化が生じたあとで測定すると、そのデータはいわゆる「催眠術師」によって引き起こされたトランス状態と、まず区別がつかないことが多い。こういう状態のとき、みな例外なく何かの考えに没頭していたという。どうやら人は何かに強く集中しているとき、しらずしらずのうちに自然にトランス状態に入ってしまうことがあるようだ。また、エリクソンが以前から指摘していた後催眠暗示によって後催眠性トランスが引き起こされるという現象が、電気測定記録にもあらわれていた。

これまでの研究では程度の差はあれ、覚醒状態を催眠状態と区別するのに、単に催眠術の「決められた手順をふんだかどうか」という点だけで判断していなかっただろうか。このような「科学的」研究がまかりとおっている実態に照らしてみると、先に記した諸発見は重大な意味をもっているといえよう。これでは、神経や筋肉にみられる変化など、トランス状態に特有の兆候にまるで無知な研究者ばかりがあらわれるのも無理はないといえる。そこで、トランス状態の電位変化に注目するのはけっこうだが、その前に覚醒状態とはどのような状態なのか、しっかりと認識しておく必要がある。

今後は「施術者」を必ずしも必要としない催眠というものも考慮に入れて、従来の経験主義的な催眠の定義をもういちど見直す必要があると思われる。

睡眠も催眠も、電位の低下がみられる点では変わりがない。だが、EEG（脳波）記録では、催眠中はまるで変化がなくなってしまう。それに対して睡眠中は、特有の脳波の変化をとらえることができるので、催眠と睡眠においては別の機能が働いていると推測することができよう。

一九五九年、電場および脳波の測定データをもとにして、筆者は場というものを基本においた催眠理論を提唱した。この理論の基礎になったデータを検討した結果、全身の場の作用によって、たとえば大脳新皮質と古皮質のバランスが変化するなどして、体の状態が自然に変化した結果が催眠という現象となってあらわれるという仮説が生まれた。

心身の動揺が電磁場の変化となってあらわれるという相関関係は、覚醒状態でも、トランス状態でも、同じようにみられる。電気測定値にはつねに、被験者の状態がどこかに反映されている。もしはじめから場のエネルギーまたは電圧が低い水準にあれば、体にあらわれるほどの変化は起こらない。そして、平常電圧が高い人は他者催眠にも自己催眠にもかかりにくい傾向があるが、これは動揺して興奮状態にある人がなかなか催眠にかからないという事実を説明しているようにみえる。

4

では、そのほかの発見について、以下かいつまんで紹介してみたい。

一、バルビタールを用いた睡眠では、場の変動が小さい反面、脳波は大きく変化する。カフェイン、アルコールなどを用いても、これと似た結果が得られる。

二、体の症状と極性には強い連関がある。思春期前のグループと壮年グループには、しばしば「高い負電位」がみられる。また、消化性潰瘍やアレルギーなどの季節性のある症状は、電位の季節変動と完全に一致している。

三、精神分裂病患者の電位には、極端な変動がみられることが判明した。場の電位の最高値がみられるのは、四〇歳台までの患者に限られる。そして、そういう値が観測されるのは発揚した状態で測定した場合である。また、電圧が一貫して低下を続けるとき、またはそれが始まる前に病状の軽減がみられる例が多い。その場合たいてい極性も転換しているようだ。

これに対して、場の電位が低い値をとるのは疲弊した状態で、ふつう慢性的に無気力な患者のデータにこのようなものが多い。そして、無気力状態から衝動的興奮に移行する際に、もっとも激しい電位上昇が発生する。したがって、場の測定値には患者の精神状態が客観的に反映されているといえよう。

一九五六年のアメリカ精神医学会年次大会において、人間の基本行動が神経系の発達にリンクして変容するとする、系統発生説にもとづいた精神病学説が提案されている。ここでその学説の是非を論じるつもりはないが、この線に沿って考えてみると、何が「正常」なのかを判定する基準は、そのときの大脳の古い部分と新しい部分のバランス具合によって決まる、というにとどめたい。

四、人間も他の生物と同様、年齢とともにその電位も負方向へと向かう。しかし、幼児や思春期前の子供たちも、負電位を示すことが多い。白人の男性は思春期や青年期には、おしなべて弱い正電位を示す傾向があるが、白人の女性については男性よりかなり早い時期から電位低下が始まる。人種間の電位のちがいを調べた予備実験によると、同じ年齢層で比べた場合、東洋人は白人より電位が低く、黒人は逆にかなり高いという特徴がみられた。

5

さて、以上をとりまとめてみると、あらゆる生命はそれぞれ、無生物システムと同様、一種の電磁場としての性質をもつひとつの活動的なパターンをもち、そしてあたかもそれぞれが大きなスペクトルの一部であるかのように、生物も無生物も理にかなった仕方で、宇宙という組織の中でそれぞれの役割を果たしている、ということになろう。こういう前提に立つと、動電場という概念は、生命が自然の営みに対立する存在ではなく、むしろそれと調和したものであるとする考えを具現化したものといえるだろう。これまで科学の網からうまく逃れてきた事実のいくつかに、ようやく光の当たる時がやってきたのだ。神経系は機能的必要から生じたものではなく、場全体のパターンが特定の細胞集団に力学的に作用した結果生まれたのだとする、考慮に値する仮説がここで提起される。

生命とはいまや、機械で刻々その状態変化を客観的に測定することができる、場の物理学によって定義されるようなものとなった。そして一九四八年からは、これに催眠状態も加えられることとなった。従来の常識を破って、われわれは催眠の開始、終了、およびその深さを、純粋に客観的に、高い再現性をもって知ることができるようになったのだ。

ここでいう催眠の深さとは、伝統的な催眠の深さをあらわす尺度とは異なっている。催眠とは、「催眠術師」の存在を必ずしも必要とせず、だれもが精神集中を行なうことによって入ることのできる、本質的に場に由来する現象である。

この研究から病気の原因についての重要な手掛かりがみつかっている。たとえば精神的疾患の場合は主として場の強さに、そして身体的疾患の場合は場の極性とベクトルに関連がみられるのだ。催眠においてもこれと同様に、場の極性、ベクトル、強さが変動するのが観測されている。

こうして、従来臨床の場で知られていた周期現象にいよいよメスが入れられることになった。若者特有のエネルギー、老人特有の長引く深刻な病、そして催眠の本質にせまるアプローチが可能になったのだ。

患者たちと対照群について実施した長期にわたる研究の中で、たまたまいくつかの感染症が測定されたが、それは人により異なる特性をもち、一定の電気的周期で持続的に変化する場の重要性をあらためて認識させるものだった。それはあたかも、機械論的原理に基づかない感情、思考、行動などの基本的特性をもたらす細胞原形質組織の性質を客観的に測る尺度であるかのようだ。「現代思想」誌編集長のＦ・Ｌ・クンツは、一九六二年に世に出た、生命の動電場仮説にとって記念碑的ともいえる論文によせた前書きにおいて、次のように述べている。

われわれはここで、生物学が自然科学にもたらした革命を、真近にみるチャンスに恵まれた。教育はむろん、人間生活のあらゆる社会文化的側面において、過去にその例をみないほどの影響があらわれるだろう。

参考文献

1・ハロルド・サクストン・バーの論文目録は本書巻末を参照のこと。

2・Erickson, M. H. *Advanced techniques of hypnosis and therapy*: selected papers of, J. Haley, Ed. New York and London: Grune & Stratton, 1967.

3・King, C. D. Electro-metric studies of sleep. *J. Gen. Psychol.*, 1946, 25: 131-159.

4・Lund, E. J. *Bioelectric fields and growth* (with a bibliography of continuous bioelectric currents and bioelectric fields in animals and plants by H. F. Rosene). Austin, Texas: University of Texas Press, 1947.

5 • Main currents in modern thought. Vol 19. No. I Sept.-Oct. 1962. Special commemorative issue on certain works of H. S. Burr, F. S. C. Northrop, and L. J. Ravitz. *The reality of the non-material cosmos and its relation to the sensed world of ordinary experience.*

6 • Margenau, H. Particle and field concepts in biology. *Sc. Monthly*, 1947, 64: 225-231.

7 • Margenau, H. Causality; 19·9, causation in biology, 415-418. In *The nature of physical reality.* New York: McGraw Hill, 1950.

8 • Nelson, O. E., Jr., and Burr, H. S. Growth correlates of electro-motive forces in maize seeds. *Proc. Natl. Acad. Sc.*, U.S., 1946, 32: 73-84.

9 • Northrop, F. S. C. The living organism. In *Science and first principles*, ch. 4. New York: Macmillan, 1931.

10 • Northrop, F. S. C. The method and theories of physical science in their bearing upon biological organization. In *The logic of the sciences and the humanities,* 133-168. New York: Macmillan,1947.

11 • Ravitz, L. J. Electro-metric correlates of the hypnotic state. *Science*, 1950, 112: 341-342.

12 • Ravitz, L. J. Standing potential correlates of hypnosis and narcosis. *A. M. A. Arch. Neurol. Psychiat.*, 1951, 65: 413-436.

13 • Ravitz, L. J. Daily variarions of standing potential differences in human subjects: preliminary report. *Yale J. Biol. Med.*, 1951, 24: 22-25.

14 • Ravitz, L. J. Fenomenos electrociclicos y estados emocionales. *Arch. Med. Intern. Antibiot. Quimiot.*, 1952, 2: 217-253.

15 • Ravitz, J. J. Electro-dynamic field theory in psychiatry. *S. Med. J.*, 1953, 46: 650-660.

16 • Ravitz, L. J. Comparative clinical and electro-cyclic observations on twin brothers concordant as to

schizophrenia, with periodic manifestations of *folie à deux phenomena*. *J. Nerv. Ment. Dis.*, 1955, 121: 72-87.

17 • Ravitz, L. J. Correlation between DC voltage gradients and clinical changes in a chronic schizophrenic patient, project M-223 (film). Abstracted in The Scientific Papers of the 112th Annual Meeting of the American Psychiatric Association in Summary Form: 28-C-4. American Psychiatric Association, Washington, D.C., 1956. Selected frames and commentary to be published.

18 • Ravitz, L. J., and Cuadra, C. A. Phylogenetic and electrocyclic implications of schizophrenic states. *Ibid.*, 53. Complete text to be published.

19 • Ravitz, L. J. Application of the electro-dynamic field theory in biology, psychiatry, medicine, and hypnosis. I. General survey. *Am. J. Clin. Hyp.*, 1959, 1: 135-150.

20 • Ravitz, L. J. History, measurement, and applicability of periodic changes in the electro-magnetic field in health and disease. In *Rhythmic functions in the living system. Annals N.Y. Acad. Scs.*, 1962, 98: 1144-1201.

21 • Ravitz, L. J. The danger of scientific prejudice. *Am. J. Clin. Hyp.*, 1968, 10: 282-303.

22 • Russell, E. W. The discoveries of Burr and Ravitz: A new way to test personnel. *The Pentagon Seminar 'Techniques of Personnel Assessment'*, L. Meriden Ehrmann, Ed., 1968, 121-125. Washington, D.C.: Office of the Secretary of Defense.

23 • Russell, E. W. *Design for Destiny*. London: Neville Spearman Ltd., 1971.

原著出版当時、バー博士が生命場測定に適する機種として推奨していた直流真空管電圧計「ヒューレット・パッカード412A」
(測定電圧±１mV～1000V)

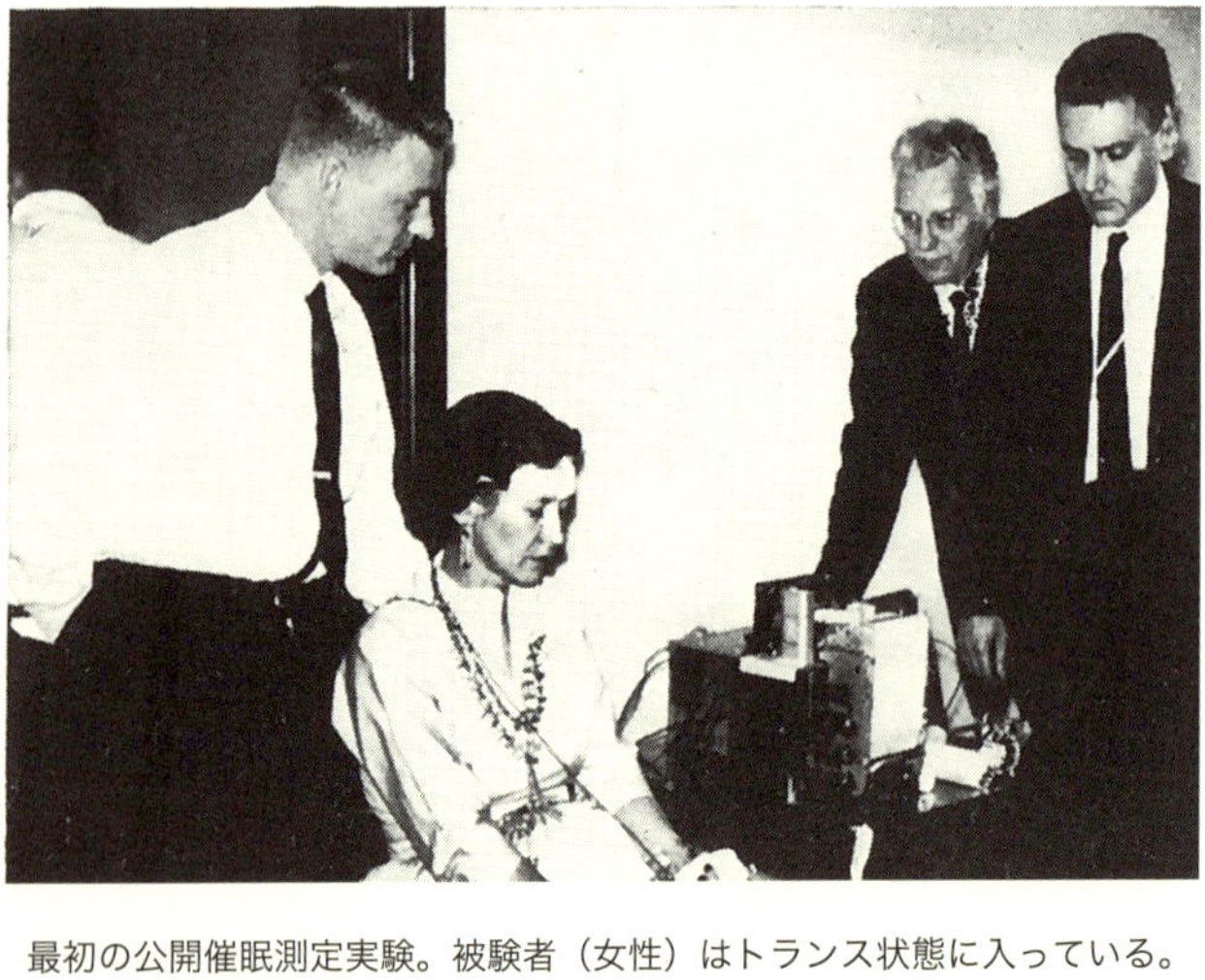

最初の公開催眠測定実験。被験者（女性）はトランス状態に入っている。

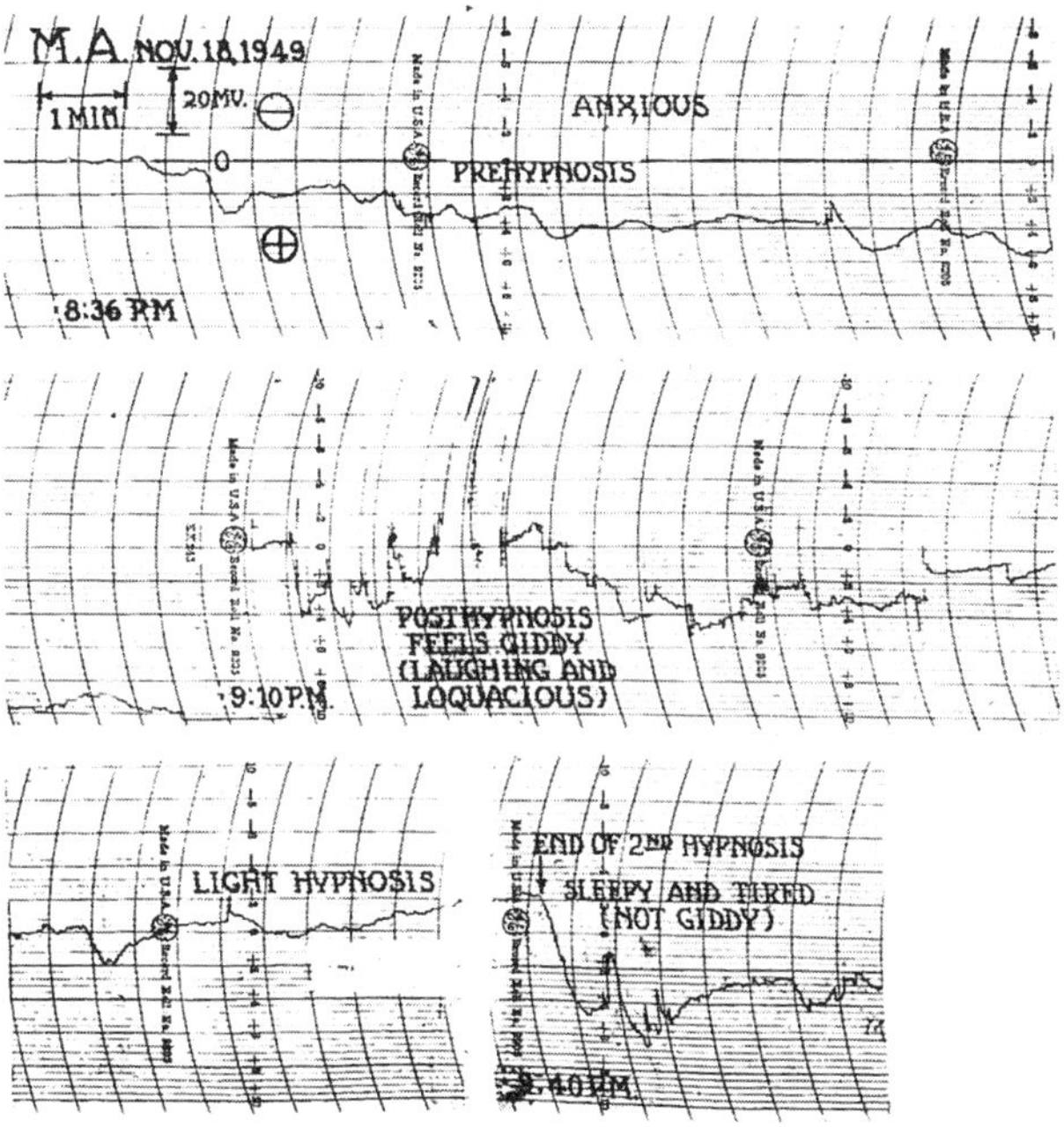

催眠前後の電位測定記録（横軸２目盛が１分、縦軸２目盛が20ミリボルトに相当）

（上）催眠前。被験者は不安げな状態
（中）催眠後。気分が高揚した状態（多弁、笑い）
（下左）軽度のトランス状態
（下右）２回目の催眠が終了した直後（眠けを感じ、だるい）

3・環境が植物電位に及ぼす影響

ラルフ・マークソン

(本稿は、ペンシルヴェニア州立大学気象学科に一九六七年に提出された修士論文をもとにしたものである。)

1

一九六六年から六七年にかけて、筆者は地球物理学的環境が木という生命形態の電位と関連性があるかどうかを、バー博士のデータをもとに調査した。

H・S・バー博士によれば、生物はその生命活動と密接に関連した電場というものをもっており、また、それは生命の根幹にかかわるものであるという。同博士は過去二〇年以上にわたって木の電位測定を行なったのだが、気温や気圧など特定の環境要因との関連性を見出すまでには至らなかった。

ただ、月齢や一一年の太陽黒点周期との関連を暗示するようなデータはあるようだが、本当に地球物理学的環境要因が木の電位に影響するという事実があるかどうかということになると、相当の厳密さをもってデータを分析する必要がある。

バー博士のデータは、一九五三年から一九六一年までは、二本の木の電位の時間毎の値を記録したもので、それ以降は連続したグラフのかたちになっている。記録は今も引き続いて行なわれており、空中および地中の電位も並行してとられている。これらの電位との比較については、のちに述べる。

2

生物システムに通常みられる電位には、その内部に原因があるものと外的要因によるものとの二種類がある。内因性のもののいくつかは、生物活動に伴って発生するもので、脳波や心電図、それに筋肉神経標本の電気的反応などはよく知られている。だがこれらを測定する場合、ふつう外的環境の変化の影響を受けないような工夫がなされている。生物の内部で発生する電位が環境要因よりも短い時間で小刻みに変化している点を利用して、実験管理によって外的要因を排除するのである。

気圧、気温、湿度、光線などが電気測定に影響するらしいことは、これまでにも知られていた。

ほかにも電磁放射線、宇宙線、地磁気、空中電気なども変動要因としてあげられている。しかし、あらゆる外的要因を排除するのは、もしそのようなことができるとしても、きわめて面倒なことである。

バー博士は、このような面倒をあえて避け、別の面からのアプローチを試みることにした。彼は、多年にわたって連続した測定が可能な生物を探すことから始めた。そして、ある大きな老木がこれにうってつけのものとして選ばれ、正常な生物機能をそこなわぬように配慮して電極が取り付けられた（電極を設置したのは木の幹の地上一フィートと四フィートのところで、形成層に傷をつけないように接触させ、低い方は増幅器のアースした負の端子につなぎ、上の方は正の端子に接続された）。環境要因は、データの量が多ければ多いほど検出しやすくなるのだが、木の寿命はひじょうに長いので、この点でも環境の影響を調べるのに適していると判断されたのだった。

木の電位に影響しそうな環境因子としては、気温、気圧、湿度、太陽光線、天候、空中電位、地中電位、宇宙線などが考えられた。

バー博士が記録をとり始めたのは一九四三年のことで、コネティカット州オールドライムの自宅の庭に生えているカエデとニレが使われた。以来、機械の故障による中断は除き、記録はほぼ間断なく行なわれている。その間には状況の変化もあり、一九六六年には、二本の木のうち一本が枯れてしまった。また実験の初期には四〇マイル〔約六四キロ〕離れたニューヘヴンにあるカエデの木も、同時に測定されていた。

バー博士はまた、木の電位と同時に、気温、湿度、気圧、天候の記録をとっているが、雷雨を伴った嵐の際に電位に不規則な変化が起こったこと以外、これら一般的な気象因子との関連はみられなかったと報告している（これは木がコロナ放電を起こし、その結果電極間の電圧低下をまねいたものとみられる。この点については一九六五年の夏に、ニューメキシコ州ランミュア研究所にて本稿の筆者が実験で確かめている）。一方、地中電位の方は、突風がふきあれてノイズが多かった数時間を除いて、木の電位と並行した動きを示していた。

ごく一般的な気象因子が無関係だとしたら、環境電位あるいは太陽活動などの地球外の因子を検討してみたらどうだろうか、とバー博士は考えた。彼は、地中電位測定のために一〇メートルの間隔をとって電極を地中に埋め込み、また空中電位測定のためにポロニウムのプローブを使用して測定を行なった。

その結果、地中電位、空中電位ともに木の電位変化とぴったり一致することがわかった。ところが、なかには二本の木のどちらか一方だけと同期していることもあった。さらに、地中電位と空中電位は互いに一八〇度位相がずれることもときにはあった。この点については、いまだに説明がついていない（第1表参照）。

要するに、光、気温、気圧など、気象学的パラメータと木の電位変化との間にはいかなる関連も見出せなかったのに対して、環境電位との間には関連性がみられたのである。

第1表　24時間電位測定記録の例

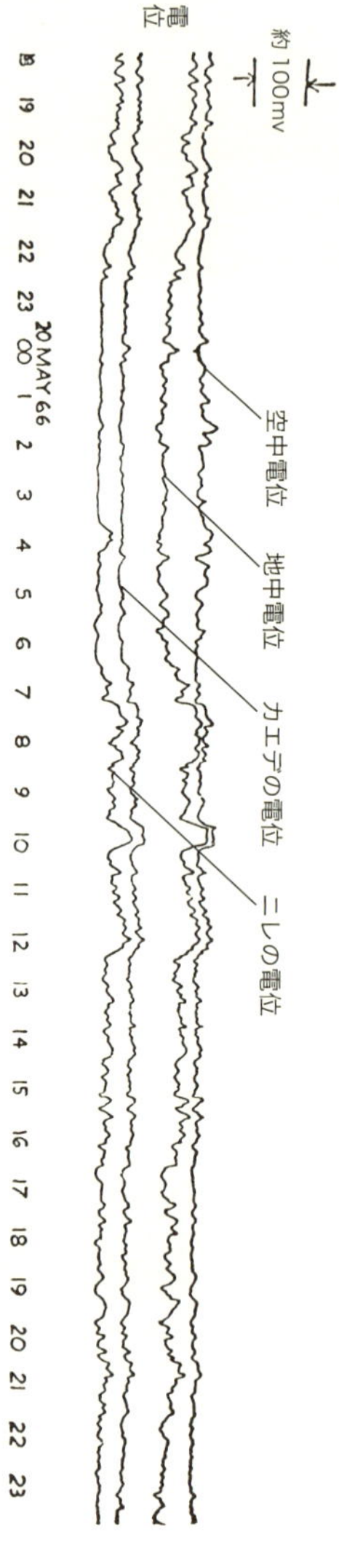

3

バー博士が測定した木の電位は、およそ〇〜五〇〇ミリボルトの範囲にあった。ここで極性の符号は任意に設定されており、バー博士は上方の幹に設置した電極を正としている。しかし極性は季節変化や大幅な変動が起こることによって逆転することもあった。一九六三年までは、電位変化の幅はほぼ二〇〜一〇〇ミリボルトの範囲内だったのに、それ以降は二〇〇〜四〇〇ミリボルトになっている。なぜこのように、あとになるほど電位が上昇したのかは不明である。

木の電位記録の中でもっともはっきりしているのは、日周サイクルである。通常、早朝がもっとも電位が低く、午後に最大になるというのがこのサイクルの特徴で、数値と位相は日によって変わり、季節変化も認められるようだった。

冬期の日周変化の幅は、夏期のそれの二〜三倍になる。一年間を通してみると、四月（A）がもっとも電位が低く、九月（S）に最大値を記録している（次ページ第2表参照）。つまり、年間サイクルとしては、春分および秋分付近の時期を境にした、ふたつのピークがみられるのだ。

バー博士によると、月齢変化に対応するような電位変化も検出されたという。これについては、のちほど詳細に検討したいと思う。

一五年分のデータをひとつの表に縮めてみると、太陽黒点サイクルとよく対応しているのがわ

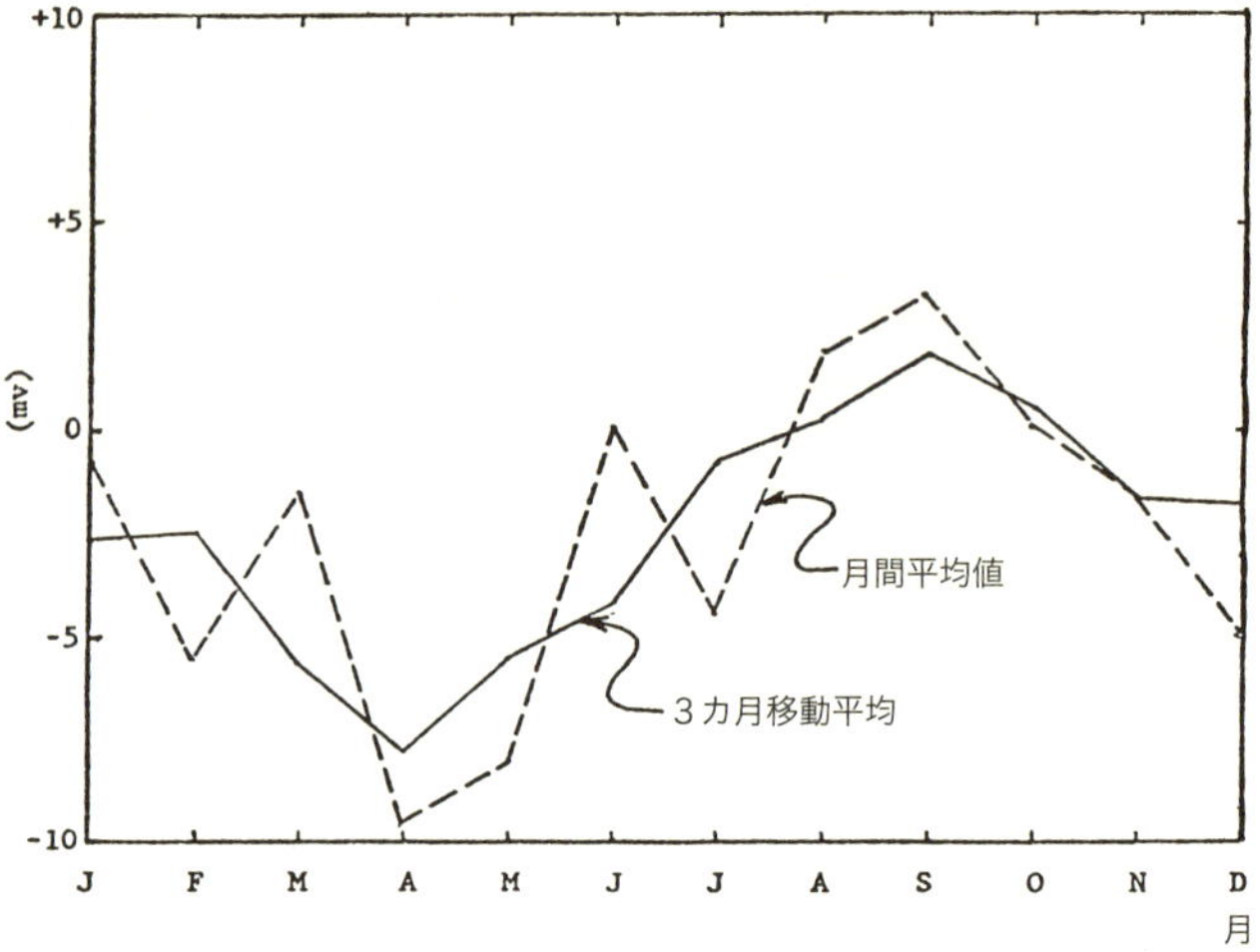

第2表　木の電位の月別平均値の推移（1946~1961）

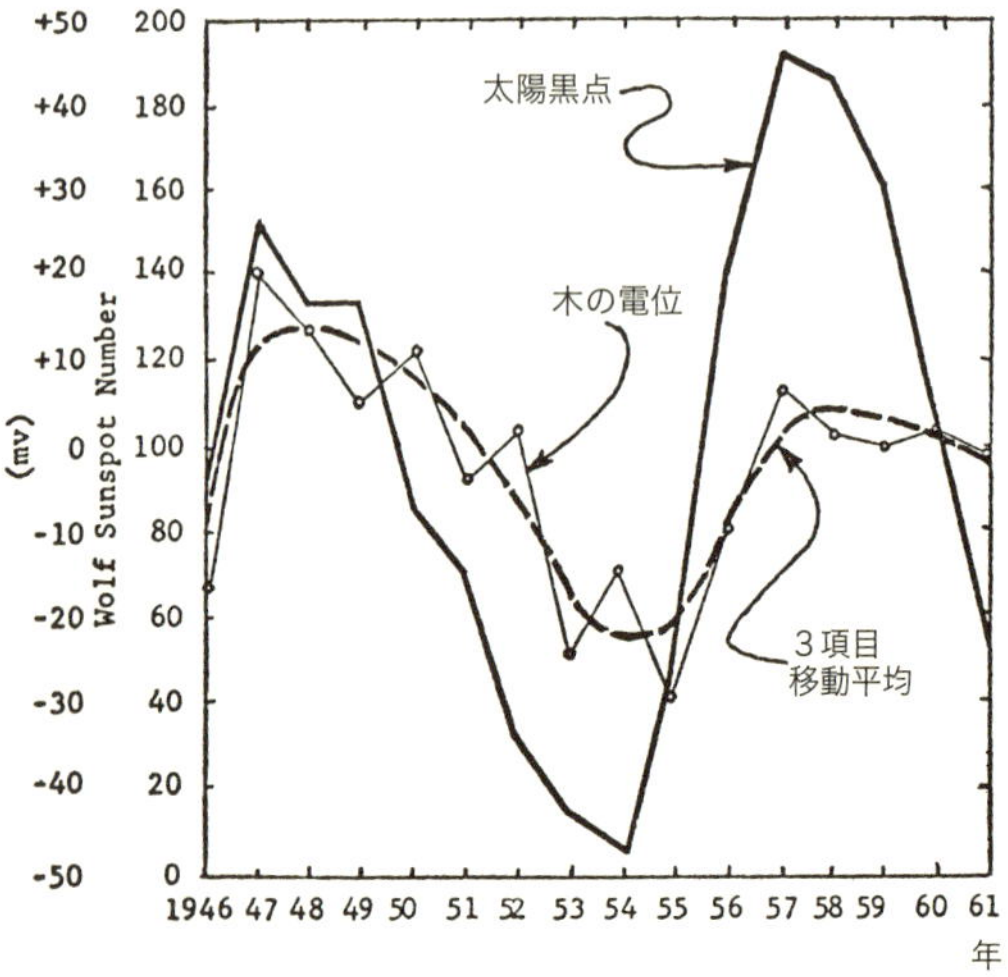

第3表　木の電位と太陽黒点数の推移

かる（第3表）。太陽黒点の増減周期は一周期一一年と長いので、この点を確かめるには、さらに長期にわたって記録をとり続ける必要がある。太陽活動の影響を調べるために、地磁気との関連も調査されている。

前にも記したが、バー博士はこの研究を始めた頃、同じ種類の木を二本、四〇マイル離して同時に電位記録をとってみたことがあった。その結果、これらふたつの電位変化に類似性がみられたところから、何らかの共通した外的要因の影響があるものと考えられる。

バー博士のデータからみてとれるもうひとつの興味深い特徴は、午後一〇時頃から夜明けまで、データにはほとんど変化（ノイズ）がみられなくなることである。そして、夜明け近くになるとノイズが出始め、日没まで続く（第1表参照）。ノイズが出現している時間は日によって異なり、ときにはこういう現象がまるでみられない日もある。これが日光や電源ラインから混入するノイズの影響でないことははっきりしているのだが、今のところこれという説明はできていない。

4

バー博士の研究によって、生物システムの電場が生物活動を逐一反映しているということがはっきりした。さらに、生物活動が起こる前に電場に変化があらわれたことから、生物行動の予知に応用できるともいわれている。これは生物の構造と機能が電場によってコントロールされているという仮説に根拠を与えるものである。

それでは、生物システムの電場に影響する環境因子にはどのようなものがあるのだろうか？常識的に思いつくような環境因子には、季節変化など長期的に影響するものを除いて、影響がすぐに認められるようなものはみつからなかった。ただ、空中および地中電位は木の電位変化と関連しており、生物活動に影響する因子と考えられた。

バー博士は他に、月の位置や太陽活動も木の電位に影響すると報告している。考えられるのは、それらが環境の電磁場に変化を与えた可能性である。

太陽黒点周期との関連性は、地球磁場という地球物理学的パラメータが関係しているのではないかという疑いを抱かせる。長年の研究から、地球磁場が太陽面爆発の影響をこうむっていることが知られているからだ。

地球磁場は世界中の多くの観測所で常時記録が続けられている。磁場の活動をあらわす指数としては、一九三〇年代にバーテルが発明したA指数およびK指数が世界中で使われている。A指数は、記録グラフから強度と変化を直線的尺度であらわしたもので、〇から四〇〇までの値をとり、それを準対数で〇〜九の一〇階級に変換したものがK指数である。このふたつの指数の関係は次の表をみていただきたい。

観測所によっては、一日を三時間ごとに八等分し、それぞれの区間の地磁気を平均したAp指数およびKp指数を用いているところもある。オーロラ発生地域などでは磁場の変動が大きくなるた

A	K
0	0
4	1
7	2
15	3
27	4
48	5
80	6
140	7
240	8
400	9

め、標準化された数値がどの観測所でも使われることが望ましい。木の電位との関連を調べる目的には、微弱なノイズにひきずられる心配の少ないAp指数を用いるのが妥当である。

地磁気活動と木の電位変化を比較するために、通称エポック・アナリシスという分析手法が用いられた。木の電位の、基準日を境にした前後六日間の記録、合計一三日間を一エポックとして分析するのである。

基準日は木の電位とは無関係に、連日のAp指数にもとづいて決められた。一週間以上低く安定した期間が続いたあと、二倍以上の急激なAp指数の上昇がみられた日をもって基準日とみなすのである。太陽活動が極小期にあたる時期には、静穏時のAp指数は一〇以下だが、極大期には一五程度である。基準日をnとすると、毎日の期の電位の平均値はn－6からn＋6までの値をとる。分析は年別に行ない、一九五三、五五、五七、五九、六一の各年に、それぞれ平均二〇日程度の基準日が選ばれている。これらの年は、極大期、極小期を含む太陽黒点周期の一サイクルの中におさまっている。

ところで木の電位の方は季節や年によって異なるため、何らかの標準化を行なう必要がある。

原データは毎時間一回、一日二四時間印字記録されている。その中でノイズが最小になる深夜にとられた記録だけが、代表値として使われた。

太陽活動を反映する時期という指標が木の電位と関連しているとすれば、基準日当日か、あるいは若干遅れて何らかの影響が木の電位記録にあらわれるはずである。太陽面爆発が起こる前に異常値が観測されるようなことは、まずありえない。

5

さて、データの分析にとりかかる前にまず、太陽活動が地球磁場に与える影響をよく知っておく必要がある。肉眼観測による太陽黒点の数とグループのデータには、太陽活動が直接的に反映されている。巨大な黒点が出現している部分からは、しばしば強烈な太陽フレアーが発生するが、黒点のない場所でもフレアーが発生することがある。

太陽フレアーは、紫外線をはじめ、ときにはX線や高エネルギー宇宙線の発生源となる。これらの放射は光速に近い速度で四方に飛び散り、八分ないし一五分で地球に到達し、電離層でイオン化を引き起こし電流を発生させる。そしてこの電離層の乱れが磁場の変動を引き起こし、これが強くあらわれたのが「磁気嵐」と呼ばれる現象である。

フレアーに伴って微粒子も放射されてくる。この速度は比較的ゆっくりしており、地球に到達するまで一〜二日かかる。この荷電粒子が地球上層の大気にぶつかると、やはりイオン化現象を起こす。また、一部は磁気圏にとらえられ、十分加速されたあと大気に突入し、オーロラとなってあらわれる。地球磁場の変動も、これらの現象と深くかかわりあっている。

したがって、磁気嵐は二度起こるのである。つまり、（一）太陽フレアー発生の直後――電磁波によって起こる例――と、（二）太陽フレアー発生から数日後（ふつう二〜四日後）――荷電微粒子によって起こる例――である。

空軍ケンブリッジ研究所のR・ライターは、Kp指数が太陽フレアーから四日目に最大になることをつきとめた。*原註1 これは、荷電微粒子が太陽から地球に到達するまでに約二日かかり、磁気嵐もこの時点から始まることが多いという観測事実と矛盾するかのようにみえる。磁気嵐は数日でおさまるが、実際の現象は一過性のものではない。太陽爆発が続く間は、微粒子の集団がどんどん地球大気上層めがけて押し寄せてくる。そのため、前回の磁気の乱れがおさまらないうちに次の嵐がやってくるということが、いつまでも繰り返されるのである。磁気活動が活発な期間はふつう二〜三日であるが、それより長くなることもある。したがって、太陽フレアーの発生と地磁気指数の最大値との間に四日のずれがあるのは別に今のモデルと矛盾しない。

＊原註1＝Reiter, Reinhold. Relationships between atmospheric electrical phenomena and simultaneous meteorological conditions, *Air Force Cambridge Research Lab.* No. 415, Vol. 1, 1960.

それでは、観測データの検討に移ろう。かりに木の電位の反応に時間的なずれがほとんどないとしたら、磁気指数の増加が顕著であることを理由に選ばれている基準日当日に、最大の影響があらわれるはずである。太陽フレアーから発生する電磁波が原因となる磁気嵐の場合など、これに該当するのではないかと考えられる。

そして、ライターの発見にもとづけば、基準日から四日目(n＋4)あたりに第二のピークがみられることが予想される。基準日はまさに磁気嵐の当日にあたるため、その効果ももっとも顕著にあらわれ、これに比べるとn＋4日の効果はかなり弱いものとみられる。

第4表のグラフは、五年間の都合一〇〇エポックにのぼる観測データにもとづいて作成されたものである。このグラフから、木の電位変動の最大値がまさに、基準日にあたっているのがわかる。それは平均値から二・三標準偏差も離れており、九八パーセントの信頼度をもって統計学的にもかなり有意な値であるといえる。

また、平均値から一標準偏差ほど離れた第二のピークが、n＋4日目にあらわれている。これは統計学的には有意とはいえないが、基準日以外では最大のピークを示している。これらの結果は、オリジナルのモデルによく合っているということができよう。

したがって、木の電位は地磁気活動と直接的に関連をもっているか、あるいは別の地球物理学的因子が介在していると結論することができる。

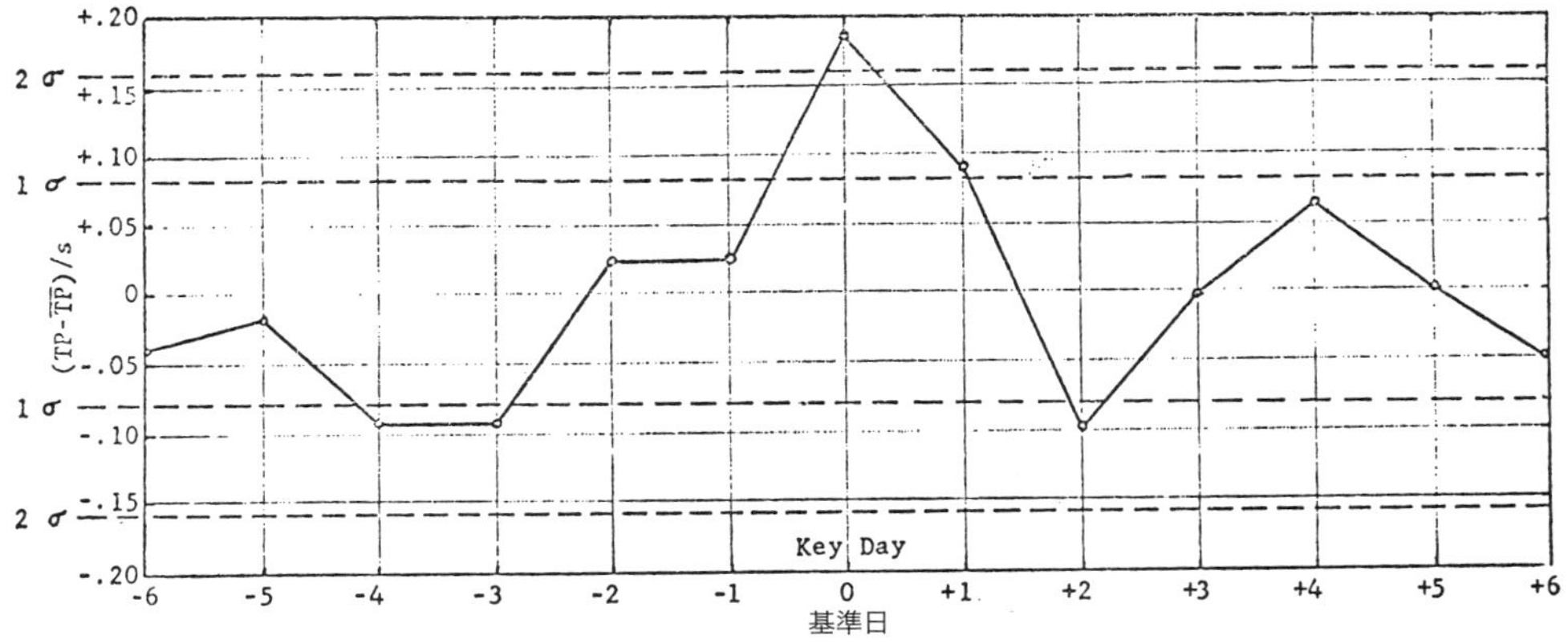

第４表　木の電位と地磁気活動の関連をあらわしたグラフ

TP＝深夜の木の電位　　s＝各エポックの標準偏差

$\overline{TP}$＝TPの月間平均値差　　σ＝グラフ曲線の標準偏差

(TP－$\overline{TP}$)/s＝木の電位分散

バー博士はかなり早くから、太陽と月が木の電位に影響を及ぼしているらしいと推定していたが、この点を確かめるために、二七・三日の太陽活動周期および二九・五日の月齢周期との関連について、ペンシルヴェニア州立大学のＩＢＭ七〇七四コンピュータを使ってスペクトル分析を試みた。

ここでは、一九五三年以降二九二二日分の深夜および夕暮れ時の木の電位測定値という、ふたつの時系列が分析に用いられた。夕方の電位についてはとくに周期性はみられなかったが、深夜の測定値には有意な周期性があらわれていた。第５表に示したのは、地磁気のAp指数および深夜に測定した木の電位のスペクトルだが、太陽活動と同じ二七日の周期はAp指数には明瞭にみられるものの、深夜電位の方ではははっきりしない。だがこれは磁気指数と木の電位にまったく関連がないという意味ではない。おそらく、磁気嵐が木の電位に与える影響は、太陽黒点と磁気嵐の関係ほど顕著でないのかもしれない。米国気象局統計部のグレン・ブライアーの見解によると、スペクトル分析はこのような弱い相関を検出するのに適さず、この点ではエポック・アナリシスの方がよりすぐれているということである。

ところで木の深夜電位のスペクトルには、一二・五、七・一五、四・七六、三・八五、三・〇八、二・六三、二・一〇日の各周期にピークがあらわれているのがみてとれる。これらは、二七・三日または二九・五日（太陽黒点周期または月齢周期）を基本周期として、その二、四、

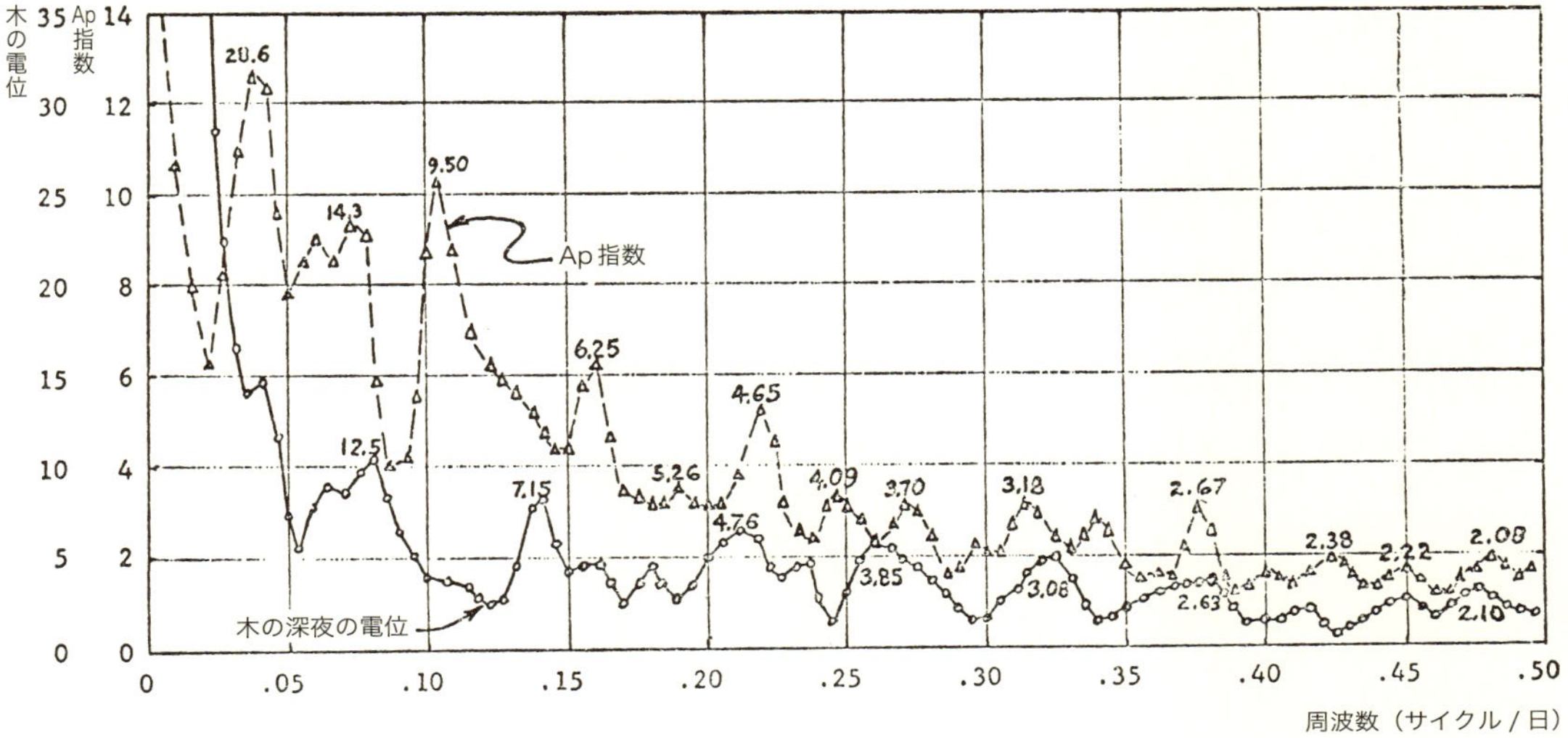

第５表　Ap磁気指数と木の深夜電位のスペクトル

八、一〇、一二、一四倍の高調波に近い数字になる。そこで、各ピーク期間にそれぞれの対応する高調波を掛けて平均をとれば、面白いことにそれは二九・五日、つまり月齢周期とぴったり一致するのである。

ところで、これらのピークは本当に高調波なのだろうか、という疑問が生じてくる。これを検証するためには、縦軸に各ピークの周波数を、横軸に高調波をプロットして、グラフが直線になるかどうかをみればよい。第6表がそのグラフであるが、ほとんど直線に近い。ここで実線は二九・五日の月齢周期を、点線は二七・三日の太陽黒点周期をあらわしている。そして破線は、木の電位の実測値を最小二乗法を使って回帰直線をあてはめたもので、その周期は三〇・三日と計算された。これは月の周期に近似した値である。木の電位は、太陽よりも月の影響を多く受けているといえそうだ。

二倍次の高調波はあらわれているのに、肝腎の月の基本周期が木の深夜電位記録にみえないのは、注目すべき点である。これを説明するのには、本当の基本周期が月二回の潮汐メカニズムのように、月齢周期の半分の一四・七五日だったと考えるのがよいと思われる。

これと同じ周期は、降雨に与える月の影響や、海洋および大気の潮汐作用を調べたブライアーとブラッドリーの研究[*原註2]でも見出されている。

木の電位スペクトルからは、月の重力の作用がひと月に二回、つまり月が太陽と合《ごう》〔地球からみて太陽と同じ方向〕の位置および衝《しょう》〔地球からみて太陽と反対側〕の位置にある時に発生していることが

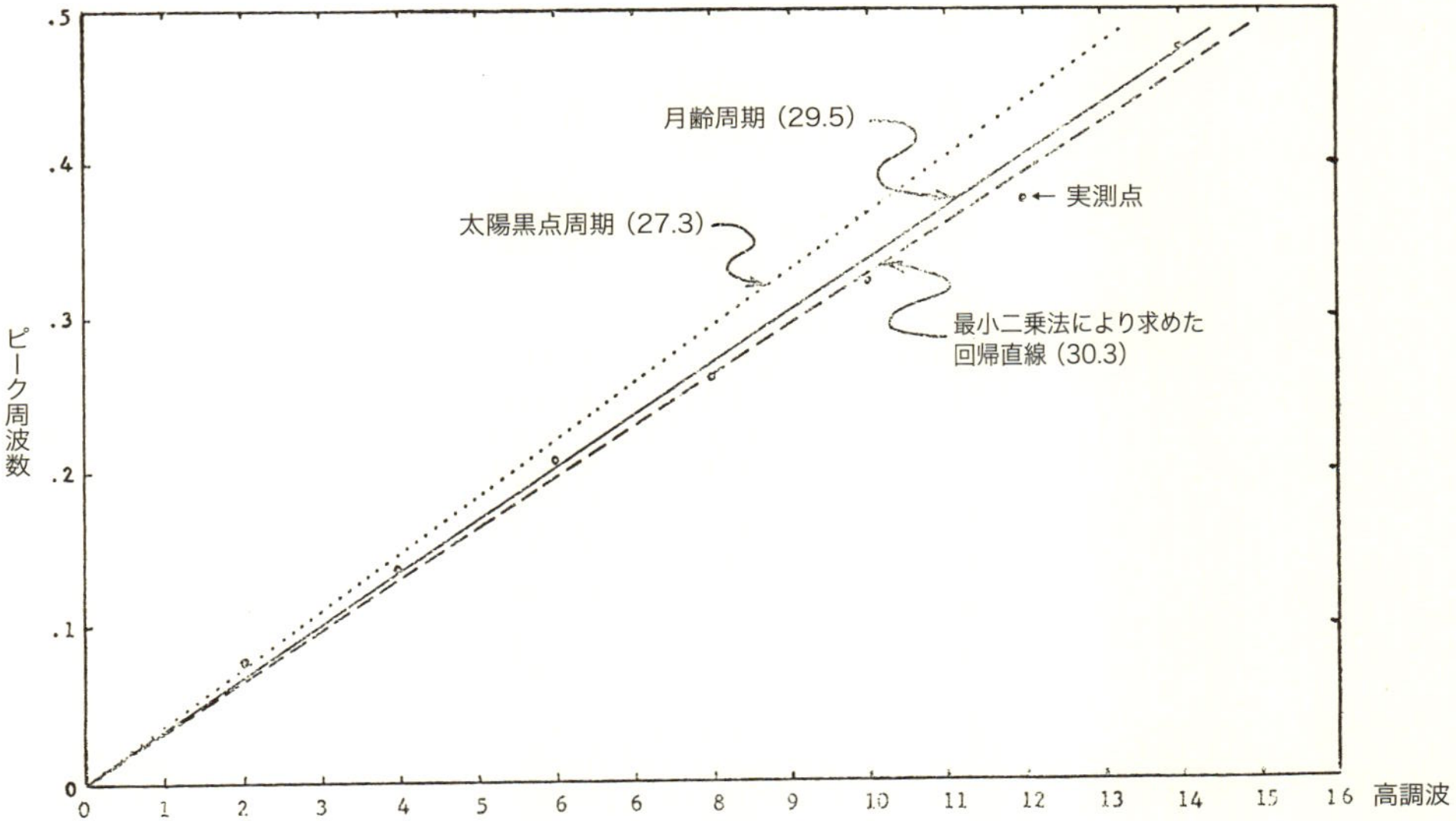

第６表　木の深夜電位スペクトル中の高調波と天体周期との比較

みてとれる。しかし、これは月の重力場が直接木の電位に影響を与えるというよりも、電磁場が潮汐作用によって変容した結果であるとも考えられる。

以上をまとめると、まず、統計分析によれば、太陽および月のいずれも木の電位に影響を与えていることがわかった。だが、子細にみると、太陽は電磁的メカニズムによって影響を与えるのに対して、月は重力メカニズムもしくは重力→電磁場というメカニズムによって影響するようにみえる。そして月の影響の方が顕著にあらわれやすいようだ。月の影響は重力そのものというより、潮汐作用によって木の周囲の電磁的環境が影響された結果であるとも考えられる。

7

ここで行なった調査の結果からも、将来もっと詳細な研究を実施する価値のあることがはっきりしたと思う。

ここで用いたエポック・アナリシスによって、木の電位が磁気指数の急激な変化に反応していることが明らかになった。だが将来、まだ分析していない一九五四、五六、五八、六〇の各年のデータについても検討を行ない、この点を確認する必要がある。

電位変動が正確な周期をもっていることも判明した。ここで用いたのは、未確認ながら、ブライアーが月の周期性と降雨の関係の研究に使ったのと同じ手法で、一日にデータがひとつしかなくとも、周期性を検出する能力にすぐれている。

スペクトル分析も用いたが、ここで使ったデータは一日に観測値をひとつに、またタイムラグも最大一〇〇日までに限ったため、周期を時間単位まで精密に絞り込んで特定することはできなかった。

バー博士の観測データは、一九六二年までは一時間に一回印字するものしかなかったが、翌年から一九六六年までは完全に連続したデータがそろっている。その中のある一日の例が第1表に示すもので、連続した変化がよくわかる。

この記録では、信号対雑音比(S/N比)が以前のデータよりはるかに向上している。一九六三年頃から原因不明の電位の上昇(一〇〇ミリボルト以下の水準から二～四〇〇ミリボルトまで上昇した)が起こっているが、これも以前なら検知できなかった環境要因の影響かもしれない。

一日の木の電位記録には、深夜から明け方にかけて「静穏期間」が存在するのがふつうである。しかし、これがみられない日もあり、開始時間、終了時間も日によってばらつきがある。将来この現象も気象学的要因、地球物理学的要因、そして季節的要因との関連を調べてみる必要があるだろう。

比較的新しい時期にとられたデータを分析してみると、木の電位、空中電位、地中電位の三者は完全に同期していることがわかった。もっとも、ときにはいずれかの電位が他の観測値と

＊原註2＝Brier, G. and Bradley, D. A. The Lunar synodical period and precipitation in the United States, *J. Atmos. Sci.*, 21, 386-395, 1964.

一八〇度位相がずれることもあった。この現象も気象学的、地球物理学的環境を吟味してゆけば、必ず説明できると思われる。

一九六六年、それまでデータをとり続けていたカエデの木が枯れてしまい、以後その隣に立っているニレの木のデータだけがたよりとなった。このとき、カエデの木の電位は、枯れても量的には以前と変わらなかったのだが、第1表のような特徴的な変化はしだいに少なくなり、ついにはみられなくなってしまった。一方、元気なニレの木は、いつもどおりの変化を続けていた。この興味深い現象も、ぜひ将来の研究課題としたい。

生物システムの電位がさまざまな電磁場にさらされた場合の影響は、実験室で調べてみることが可能である。そして生物の種類による反応の違い、健康状態による違いを実験的に確認することも同様に可能だ。

かりに生物の電場が、その生物活動の状態を示すものであるとしたら、またそれをコントロールしているものであるとしたら、人間が宇宙に乗り出す場合はとくに、地球物理学的要因がきわめて重要なものになってくることが予想される。そうなると宇宙では、心電図など各種の身体情報の測定に電位測定も新たに加える必要が出てくるかもしれない。これが実現すれば、地球物理学的因子の人体への影響がはっきりするだけでなく、体内時計の謎といった古くからの疑問も解けるかもしれない。これからの宇宙時代、宇宙生物学の時代では、生物の電場を理解し、応用することが重要になるかもしれないのだ。

新版への訳者あとがき

早いもので、本邦訳『生命場《ライフ・フィールド》の科学（原題：不死への青写真――生命の電気パターン）』を最初に世に出してから、もう一八年にもなる。一般読者向けに書かれたとはいうものの、このような実験中心の生物学の地味な研究書が果たして世に受け入れられるものかとの当初の心配をよそに、反響の大きさは、訳者の予想をはるかに超えたものだった。本書はやがて多方面の方々に知られるところとなり、とりわけ第一線のベンチャー技術者の方々に大きな感動をもって受け入れられたことは想定外のことであった。おかげで版を重ね、「生命場」、「ライフ・フィールド」という用語が知られるきっかけにもなったようだが、今回装いを新たに再び世に出ることになった。ありがたいことである。

もともと、わが国の「気」の先駆的研究者である井村宏次氏が「西洋における気の研究」の一例として訳出をすすめて下さったのが本書に取り組むきっかけであったのだが、ここで提起されている「生命場」という概念は、東洋的概念である「気」とよく似ている。

「気」は西洋的表現で言えば、生物、無生物も含め、森羅万象をまとめているエネルギーのようなものと説明されている。古代の中国人は、世界はすべて「気」から成るとして、人体にあっては、生理作用も、心理作用も「気」の反映だと考えた。そして、人体の気は、天の気、地の気とも通じており、宇宙、自然と一体なのだという。東洋医学では、病を気の乱れとしてとらえ、気のバランスを整えることによって治療しているのは、ご承知のとおりである。

一方、ハロルド・サクストン・バーが提唱する「生命場」は、生物固有の場ではあるが、地球や月、そして宇宙といった大きな環境の場の影響下にあり、それらと密接不可分であるという。生命場は、生物のデザインともいうべき「生命の鋳型」であり「青写真」でもある。すべての生命は、この設計図である「青写真」どおりに成長する。バーは、生命場は電場（動電場）のかたちで観測できるとして、専用の電位計を開発して多くの観察を行ない、病変が異常な電位変化として計測できることをつきとめ、病気の予知だけでなく、将来電気的に治療を行なう可能性にも言及している。そして人体の生命場は、生理状態だけでなく、心理状態も反映することが、精神医学者たちとの共同研究で明らかになった。

さらには、樹木に長期間電極を装着して電位変化を観察した結果、周囲の環境の影響が見られるだけでなく、遠い天体のリズムにまで同期していることが発見された。このことから、バーは生命場も、まさに「気」のように、宇宙、自然と一体の存在なのだとの確信をもつに至った。ひとつ残念なのは、バーが樹木の電位を観察していた場所が、地震の少ない米国東部であったことで、もし、震災の多いカリフォルニア州などに住んでいたなら、生命場と地震予知というテーマにも取り組んでいたかもしれない。

西洋には、バー以前から、生物学において「生気論《ヴァイタリズム》」と呼ばれる潮流があった。ある種の

「生命力《ライフ・フォース》」を仮定することで生物の発生や成長を説明しようとする思想である。しかし、「気」と同じように、この「生命力」が技術的に実証不可能であったことと、「生物機械論」の流れをくむ、生命現象を分子の化学的反応に還元して説明しようとする分子生物学が圧倒的成功を収めたため、こうした潮流は、ほとんど命脈が尽きかけたかに見えた。

話は少々脱線するが、この「ライフ・フォース」という概念は、フィクションではあるけれども、ジョージ・ルーカスの映画「スター・ウォーズ」シリーズの中にも受け継がれている。「フォース」という不思議な生体エネルギーがそれで、第一作公開当時、字幕翻訳者もこれには困ったらしく、「理力」などという、変な訳語が当てられていた。現在では、そのまま「フォース」と訳されているようだ。シリーズ第二作「帝国の逆襲」の中で、ジェダイ騎士団の長老ヨーダが主人公のルーク・スカイウォーカーに、ジェダイの力の源泉である「フォース」について説くシーンに、その思想が要約されているので、紹介してみよう。

「……フォースは、わが強き味方。生命がそれを産み、はぐくむ。そのエネルギーは、われわれを取り巻き、われわれを結び付ける。われわれは輝ける存在。こんな粗雑な物体ではない。身の周りのフォースを感じるのだ。ほれ、わしとお前の間にも、そこの岩と木の間にも、いたるところにある……」(筆者訳)

「スター・ウォーズ」は、黒澤明の時代劇の影響を強く受けており、東洋的な「気」のにおいを感じるのは、そのせいだろうか。

さて、本書の付録の催眠実験についての論文の中で、執筆者のレナード・J・ラヴィッツ博士が「催眠状態［そのもの］が電磁気的変動を伴っていることが判明した」と述べ、「メスメルの『動物磁気《アニマル・マグネティズム》』という悪霊がふたたびよみがえったのだ」と書いている点に注目したい。メスメルとは、催眠治療の流行に乗って一八世紀のウィーンを舞台に活躍した催眠術師で、「動物磁気」という一種の生体エネルギーが催眠を引き起こすとしていた。

もっともバー自身は、生気論の延長線上にあるような有名なドリーシュの「エンテレヒー」とかシュペーマンの「形成体《オルガナイザー》」などの仮説について、高い評価を与えながらも、自らの生命場仮説とは実証性の点で似て非なるものであるとして、生気論と同列視されるのを注意深く避けているように見える。

しかし、現実はそうではなかった。本流医学、生物学の常識から大きく逸脱したように見える生命場仮説は、一部の専門家の支持は得たものの、バーの生前はもちろん、今日に至るまで、ほとんど無視されたままになっている。「生命力」などナンセンスそのものであり、仮にそんなものが存在するとしても、そのエネルギーなど検出できないほど微弱で、無意味だというのが学界の常識であった。バー自身、自分の学説が「時代的に早すぎた」ことを十分承知していたようで、将来に夢を託して、ひたすら実験による検証を地道に積み重ねた。こうして約四〇年間、名門イエール大学医学部で教鞭をとる間に、一九一六年から一九五六年までイエール大学医学・生物学雑誌等に九三の論文が掲載された。これ以外にも研究協力者らによって発表された論文があり、それらは一〇〇以上にのぼるという。

バーは、生命場は電位計で誰でも測定でき（微弱どころか、ミリボルトという意外に高い値で検出される）、しかも、本書の序文にもあるように「否定する結果には、いちども出会っていない」という現実があるのにもかかわらず、学界がなぜ注目しないのか、むしろ奇妙に感じていたようだ。バーは、生物学と物理学の融合を当然のことと考えており、物理学的な場の概念の導入も、ごく自然ななりゆきだったのだ。

遺伝子の解析がものすごく進歩した分子生物学の世界では、生物の体の部品がどうやって合成されるのかについては、かなりのことがわかってきた。しかし、それらばらばらの要素が、どうやってひとつのダイナミックな組織にまとまるのか、そうした指令を出す「青写真」が何なのか、DNAだけでは未だ説明しきれないのが現状のようだ。

「ドングリの実の成長および分化をコントロールし、最終的にカシの木に仕上げる〝力《フォース》〟とはいったい何か」という、アリストテレスの時代から今日にまで受け継がれている素朴な疑問に対して、生命科学界では、行き詰まりを打開しようと、バーと同じように「場の生命論」を導入しようとする動きも一部にある。また医学界でも、以下に紹介するように、バーの研究の後を追うような動きもみられるのである。

バーの没後二年たった一九七五年、バーらの排卵周期の電気測定による不妊治療に関する研究をもとに、さらに検出精度を高めた実用的な「排卵周期測定装置」が開発され、米国特許第三九二四六〇九号が授与された。バーらの画期的な研究のひとつに電気測定による悪性腫瘍の早期発見の試みがあるが、一九八二年にイタリアで行なわれた研究では、脳波やCTスキャンでも検出できなかった、てんかんの原因となっていた腫瘍が、生体磁気探査装置によって検出できたという報告がある。一九八五年には、肺疾患患者の肺組織が正常値より約三〇パーセント低いコンダクタンス（電気伝導値）を示す事例が報告された。翌一九八六年には、腫瘍組織のコンダクタンス変動が正常組織の数倍にもなり、また、がんとエイズの末期にはコンダクタンスが低下するという研究が発表されている。一九九六年には、バーの実験データを最新の統計学を使って再調査する試みが行なわれ、当時の分析が妥当であったことが確認されたという。

バーが「科学の冒険」と呼んだ生命場研究は、現代の科学者の冒険心をも刺激し続けているようである。

《ハロルド・サクストン・バー略歴》

一八八九年四月一八日　マサチューセッツ州ローウェルに生まれる

一九一一年　当時のイエール大学理工学部にあたるシェフィールド・サイエンス・スクールを卒業

一九一四年　イエール大学医学部解剖学講師に就任

一九一五年　イエール大学より博士号（Ph.D.）取得*

一九二九年　解剖学正教授に就任
一九三三年　当時の高名な医師の名を冠した名誉ある職位であるE・K・ハント解剖学教授に就任**
一九五八年　大学退職　E・K・ハント解剖学名誉教授の称号と肖像画〔本書冒頭〕を贈られる
一九七二年　本書出版
一九七三年二月一七日　死去

イエール大学の資料によると、バーの専攻は、がん細胞の電気的検出、実験発生学、神経解剖学、神経系の再生と成長、となっている。そして医学者としての顔とは別に、油彩風景画家としても一流の腕をふるい、ライム美術協会のメンバーとして活躍する一方、イエール大学芸術学部でも教鞭をとっていたそうである。

また、旧版と同じく読者の参考のために、第2章で紹介されている他のさまざまな場の生命論の提唱者と学説を含め、主な生物発生の場の理論を次のような表にまとめてみた。

* 米国の大学医学部では、生理学、解剖学といった基礎医学に関する博士号として、わが国の学術博士に当たるPh.D.が、そして臨床医学に関しては、いわゆる医学博士にあたるM.D.の学位が与えられるということである。
** この教授職は、イエール大学医学部において今日も引き継がれている。

名　称	提　唱　者	概　　要	検証方法
エンテレヒー	H・ドリーシュ(独) 動物学者・哲学者 (1867-1941)	胚の中にあらかじめ含まれている、生物発生の運命を支配する超空間的因子。	な　し
生理勾配	C・M・チャイルド(米) 動物学者 (1869-1952)	生物体の軸方向に沿って存在する、生理的活性度の連続した勾配。	主に下等動物で体の各部位の再生能力の差などを観察。
オルガナイザー (形成体)	H・シュペーマン(独) 動物学者 (1869-1941)	他の胚域に移植することによって、神経系の形成などを誘導する能力をもつ胚の一部。	胚の切除、移植、結紮などによる。
生物場	P・A・ワイス(米) 発生学者 (1898-1989)	胚の発生予定地域に一定の広がりをもって存在する、器官発生を促す不可視の場。	同　上
動電場(エレクトロ・ダイナミック・フィールド) 〔生命場、L(ライフ)フィールド〕	H・S・バー(米) 解剖学者 (1889-1973) 〔F・S・C・ノースロップと共同提案〕	形態形成を支配する、生命の鋳型ともいうべき電気力学的場。	ハイ・インピーダンス直流電圧計
形態形成場	R・シェルドレイク(英) 生物学者 (1942-)	過去から未来へ形態共鳴によって生物の形態を維持し進化させる不可視の場。	別々の時間と場所で学習させたラットのグループ間の学習速度などを比較。

＊　＊　＊

新版の制作にあたって、本書の内容のエッセンスと著者の思想がよく盛り込まれている第1章と第2章の途中までを全面的に改訳し、原文のニュアンスがよりよく伝わるように心がけた。また、長年腑に落ちない思いでいた重要な用語の訳を改めた。それは、著者が生命場と等価な概念として盛んに用いている「エレクトロ・ダイナミック・フィールド」という用語なのだが、翻訳に取り組んだ当初、わが国の主な電気工学や技術用語辞典をひもといても、さっぱりあてはまる言葉が見当たらないのには困ってしまった。バーの学説が紹介されている、当時のわずかな文献を参照しても適切な訳語はなく、参考にはならなかった。やむなく前回は「ダイナミック（力動的）」というイメージが伝わればと「電気力場」という造語を無理やりつくってしまったのだが、訳語として、どうにもおさまりが良くないという思いが残っていた。

「ダイナミック」に対する英語は「スタティック（静的）」であり、静電気の場を意味する英語「エレクトロ・スタティック・フィールド」は「静電場」と訳されていることから、それにならって今回は「エレクトロ・ダイナミック・フィールド」を「動電場」と訳すことにした。

電気には静電気（摩擦電気のように電荷が静止している電気）と動電気（電荷が移動している電気）の二種類がある。そして発電所から家庭に送られ、照明器具やテレビなどの電化製品において日常われわれが利用しているのが、この動電気。普段使っている、いわゆる電気であり、通常は、わざわざ動電気とは呼ばない。そして静電気がつくる場が「静電場」、動電気がつくる場が「動電場」ということになる。

また第2部の論文「子宮がんの電気測定」の中で、前回やむなく割愛した一部の表と、それに関連した説明を今回は復活させ、より完全に近づけることができた。

最後に新版の出版を決意された日本教文社に、そして編集の労にあたられた第二編集部の田中晴夫氏にお礼申し上げたい。

二〇〇六年四月

神保圭志

◎訳者紹介――**神保圭志**（じんぼ・けいし）＝一九五三年生まれ。同志社大学法学部卒。電力会社、地方シンクタンク勤務等を経て、現在、熊野地方で地域活性化に取り組む。。訳書に『直観術――コンピュータを超える発想マニュアル』（フィリップ・ゴールドバーグ著、品川嘉也監修、工作舎）他がある。

付録❖

ハロルド・サクストン・バーの論文目録

1916

1. The effects of the removal of the nasal pits in Amblystoma embryos. *J. exp. Zool.*, 1916, 20: 2757.
2. Regeneration in the brain of Amblystoma. *J. comp. Neurol.*, 1916, 26: 203-211.

1918

3. Breeding habits, maturation of eggs and ovulation of the albino rat. *Amer. J. Anat.*, 1918, 15: 291-317.

1920

4. The transplantation of the cerebral hemispheres of Amblystoma. *J. exp. Zool.*, 1920, 30: 159-169.

1922

5. The early development of the cerebral hemispheres in Amblystoma. *J. comp. Neurol.*, 1922, 34: 277-301.

1924

6. An experimental study of the origin of the meninges. *Proc. Soc. exp. Biol.* (*N.Y.*), 1924, 22: 52-53 (with S. C. Harvey).
7. Some experiments on the transplantation of the olfactory placode in Amblystoma. 1. An experimentally produced aberrant cranial nerve. *J. comp. Neurol.*, 1924, 37: 455-479.

1925

8. An anatomical study of the gasserian ganglion, with particular reference to the nature and extent of Meckel's cave. *Anat. Rec.*, 1925, 29: 269-289 (with G. B. Robinson).

1926

9. An experimental study of the action of hyoscine hydrobromide on the nervous system of Amblystoma. *J. comp. Neurol.*, 1926, 41: 401-421.
10. The development of the meninges. *Arch. Neurol. Psychiat.*, 1926, 15: 545-565 (with S. C. Harvey).

1928

11. Certain factors determining the direction of growth of nerve fibres. *Science*, 1928, 74: 604.
12. The central nervous system of Orthagoriscus mola. *J. comp. Neurol.*, 1928, 45: 33-128.

1929

13. Jonathan Knight and the founding of the Yale Medical School. *Yale J. Biol. Med.*, 1929, 1: 327-343.

1930

14. Hyperplasia in the brain of Amblystoma. *J. exp. Zool.*, 1930, 55: 171-191.
15. Disciplines. *Yale J. Biol. Med.*, 1930, 3: 151-157.

1931

16. The preclinical sciences and human biology. *Yale J. Med.*, 1931, 4: 63-68.
17. Development of the meninges in the chick. *Proc. Soc. exp. Biol.* (*N.Y.*), 1931, 28: 974-976 (with S. C. Harvey).

1932

18. Determinants of organization in the cerebral hemispheres. Res. Publ. *Ass. nerv. ment. Dis.*, 1932, 13: 39-48.
19. An electro-dynamic theory of development suggested by studies of proliferation rates in the brain of Amblystoma. *J. comp. Neurol.*, 1932, 56: 347-371.

1933

20. Development of the meninges. *Arch. Neurol. Psychiat.*,1933, 29: 683-690 (with S. C. Harvey).

1934

21. The founding of the Medical Institution of Yale College. *Yale J. Biol. Med.*, 1934, 6: 333-340.
22. Some observations on the neural mechanisms of Opisthoproctus Soleatus Vaillant. *Psychiat, neurol. Bl.*, 1934, 38: 407-416 (with G. M. Smith).
23. Sympathetic components of the genito-femoral and obturator nerves in the Rhesus monkey (Macaca mulatta). *Anat. Rec.*, 1934, 61: 53-56 (with S. Zuckerman).

1935

24. A study of the effects of intermedin and injury of the hypophysis on traumatic corial melanophores in goldfishes. *Endocrinoiogy*, 1935, 19: 409-412 (with G. M. Smith and R. S. Ferguson).
25. The electro-dynamic theory of life. *Quart. Rev. Biol.*, 1935, 10: 322-333 (with F. S. C. Northrop).
26. Electrical characteristics of living systems. *Yale J. Biol. Med.*, 1935, 8: 31-35 (with C. T. Lane).
27. Detection of ovulation in the intact rabbit. *Proc. Soc. exp. Biol.* (N.Y.), 1935, 33: 109-111 (with R. T. Hill and Edgar Allen).

1936

28. Electro-dynamic studies of mice with developing cancer of the mammary gland. *Anat. Rec.*, 1936, 64: 7-8.
29. A vacuum tube microvoltmeter for the measurement of bioelectric phenomena. *Yale J. Biol. Med.*, 1936, 9: 65-76 (with C. T. Lane and L. F. Nims).
30. Bio-electric phenomena associated with menstruation. *Yale J. Biol. Med.*, 1936, 9: 155-158 (with L. K. Musselman).

1937

31. Experimental findings concerning the electro-dynamic theory of life and

an analysis of their physical meaning. *Growth*, 1937, 1: 78-88 (with F. S. C. Northrop).
32. Bio-electric potential gradients in the chick. *Yale J. Biol. Med.*, 1937, 9: 247-258 (with C. I. Hovland).
33. Bio-electric correlates of development in Amblystoma. *Yale J. Biol. Med.*, 1937, 9: 541-549 (with C. I. Hovland).
34. Medical fees in the colonial period. *Yale J. Biol. Med.*, 1937, 9: 359-364.
35. A bio-electric record of human ovulation. *Science*, 1937, 86: 312 (with L. K. Musselman, D. Barton, and N. Kelley).
36. Bio-electric correlates of human ovulation. *Yale J. Biol. Med.*, 1937, 10: 155-160 (with L. K. Musselman, D. Barton, and N. Kelley).

1938

37. Steady-state electrical properties of the human organism during sleep. *Yale J. Biol. Med.*, 1938, 10: 271-274 (with D. S. Barton).
38. Bio-electric properties of cancer-resistant and cancer-susceptible mice. *Amer. J. Cancer*, 1938, 32: 240-248 (with L. C. Strong and G. M. Smith).
39. Bio-electric correlates of the menstrual cycle in women. *Amer. J. Obstet. Gynec.*, 1938, 35: 743-751 (with L. K. Musselman).
40. Bio-electric correlates of methylcolanthrene-induced tumours in mice. *Yale J. Biol. Med.*, 1938, 10: 539-544 (with L. C. Strong and G. M. Smith).
41. The relationship between the bio-electric potential of rats and certain drugs. *Yale J. Biol. Med.*, 1938, 11: 137-140(with P. K. Smith).
42. The measurement of pH in circulating blood. *Science*, 1938, 87: 197-198(with L. F. Nims and Clyde Marshall).
43. Bio-electric correlates of wound healing. *Yale J. Biol. Med.*, 1938, 11: 104-107 (with S. C. Harvey and Max Taffel).

1939

44. Evidence for the existence of an electro-dynamic field in living organisms. *Proc. nat. Acad. Sci.*, 1939, 25: 284-288(with F. S. C. Northrop).
45. A preliminary study of electrical correlates of growth in Obelia

geniculata. *Growth*, 1939, 3: 211-220 (with Fred S. Hammett).
46. Voltage gradients in the nervous system. *Trans. Amer. neurol. Ass.*, 1939, 65: 11-14 (with P. J. Harman, Jr.).
47. Vocationalism in the university. *Yale J. Biol. Med.*, 1939, 12: 199-204.
48. Animal electricity. *Yale scient. Mag.*, 1939, 13: 5.

1940

49. Biologic organization and the cancer problem. *Yale J. Biol. Med.*, 1940, 12: 277-282.
50. Vaginal electrical correlates of the estrous cycle of the rat. *Anat. Rec.*, 1954, 76: 8 (with John Boling and D. Barton).
51. An electro-metric study of the healing wound in man. *Yale J. Biol. Med.*, 1940, 12: 483-485 (with Max Taffel and S. C. Harvey).
52. Harry Burr Ferris. *Science*, 1940, 92: 499-500.
53. Electro-metric studies of tumours induced in mice by the external application of benzpyrene. *Yale J. Biol. Med.*, 1940, 12: 711-717 (with G. M. Smith and L. C. Strong).

1941

54. Factors associated with vaginal electrical correlates of the estrous cycle of the albino rat. *Anat. Rec.*, 1941, 79: 9 (with John Boling).
55. Field properties of the developing frog's egg. *Proc. nat. Acad. Sci.*, 1941, 27: 276-281.
56. Changes in the field properties of mice with transplanted tumours. *Yale J. Biol. Med.*, 1941, 13: 783-788.
57. An electro-metric study of uterine activity. *Amer. J. Obstet. Gynec.*, 1941, 42: 59-67 (with L. Langman).
58. Steady state potential differences in the early development of Amblystoma. *Yale J. Biol. Med.*, 1941, 14: 51-57 (with T. H. Bullock).

1942

59. An electrical study of the human cervix uteri. *Anat. Rec.*, 1942, 82: 35-36 (with L. Langman).
60. Electrical correlates of growth in corn roots. *Yale J. Biol. Med.*, 1942, 14: 581-588.

61. Electro-metric timing of human ovulation. *Amer, J. Obstet. Gynec.*, 1942: 44: 223-230 (with L. Langman).

1943

62. Neuroid transmission in mimosa. *Anat. Rec.*, 1943, 85: 12.
63. Electrical correlates of pure and hybrid strains of corn. *Proc. nat. Acad. Sci.*, 1943, 29: 163-166.
64. Electrical polarization of pacemaker neurons. *J. Neurophysiol.*, 1943, 6: 85-97 (with T. H. Bullock).
65. An electro-metric study of mimosa. *Yale J. Biol. Med.*, 1943, 15: 823-829.

1944

66. Moon-madness. *Yale J. Biol. Med.*, 1944, 16: 249-256.
67. A biologist considers social security. *Conn. St. med. J.*, 1944, 8: 165.
68. Potential gradients in living systems and their measurements. Pp. 1117-1121 in *Medical Physics*. Chicago, The Year Book Publishers, Inc. [c1944].
69. The meaning of bioelectric potentials. *Yale J. Biol. Med.*, 1944, 16: 353-360.
70. Electric correlates of form in Cucurbit fruits. *Amer. J. Botany*, 1944, 31: 249-253 (with E. W. Sinnott).
71. Electricity and life: phases of moon correlated with life cycle. *Yale scient. Mag.*, 1944, 18: 5-6.

1945

72. Variables in DC measurement. *Yale J. Biol. Med.*, 1945, 17: 465-478.
73. Diurnal potentials in the maple tree. *Yale J. Biol. Med.*, 1945, 17: 727-734.

1946

74. Electrical correlates of peripheral nerve injury. A preliminary note. *Science*, 1946, 103: 48-49 (with R. G. Grenell).
75. Growth correlates of electromotive forces in maize seeds. *Proc. nat. Acad. Sci.*, 1946, 32: 73-84 (with Oliver Nelson, Jr.).
76. Surface potentials and peripheral nerve injury: A clinical test. *Yale J.*

Biol. Med., 1946, 18: 517-525 (with R. G. Grenell).

1947

77. Tree potentials. *Yale J. Biol. Med.*, 1947, 19: 311-318.
78. Electro-magnetic studies in women with malignancy of cervix uteri. *Science*, 1947, 105: 209-210 (with L. Langman).
79. Field theory in biology. *Sci. Monthly,* 1947, 64: 217-225.
80. Surface potentials and peripheral nerve regeneration. *Fed. Proc.*, 1947, 6: 117 (with R. G. Grenell).

1948

81. A commentary on full-time teaching. *Conn. St, med. J.*, 1948, 12: 937-940.

1949

82. Millivoltmeters. *Yale J. Biol. Med.*, 1949, 21: 249-253 (with A. Mauro).
83. A technique to aid in the detection of malignancy of the female genital tract. *Amer. J. Obstet: Gynec.*, 1949, 57: 274-281.
84. Electro-static fields of the sciatic nerve in the frog. *Yale J. Biol. Med.*, 1949, 21: 455-462 (with A. Mauro).
85. The Connecticut State Medical Society. *Conn. St. med. J.*, 1949, 13: 950-955.

1950

86. Electro-metric study of cotton seeds. *J. exp. Zool.*, 1950, 113: 201-210.
87. Bioelectricity: potential gradients, Pp. 90-94, in *Medical Physics.* Chicago, The Year Book Publishers, Inc., 1950.

1952

88. Electro-metrics of atypical growth. *Yale J. Biol. Med.*, 1952, 25: 67-75.

1953

89. Electrical correlates of ovulation in the rhesus monkey. *Yale J. Biol. Med.*, 1953, 25: 408-417(with V. L. Gott).

1954

90. Confusion or configuration? *The Astronomical League Bulletin,* 1954, 4: No. 4.

1955

91. Certain electrical properties of the slime mould. *J. exp. Zool.*, 1955, 129: 327-342.
92. Response of the slime mould to electric stimulus. *Science*, 1955, 122: 1020-1021 (with William Seifriz).

1956

93. Effect of a severe storm on electric properties of a tree and the earth. *Science*, 1956, 124: 1204-1205.

新版《しんぱん》 生命場《ライフ・フィールド》の科学《かがく》
——みえざる生命《せいめい》の鋳型《いがた》の発見《はっけん》

初版発行————昭和六三年 七月二〇日
新版第一刷発行——平成一八年 六月 一日
新版第三刷発行——令和 四 年一二月一〇日

著者——ハロルド・サクストン・バー
訳者——神保圭志（じんぼ・けいし）

発行者——西尾慎也
発行所——株式会社 日本教文社
東京都港区赤坂九‐六‐四四 〒一〇七‐八六七四
電話 〇三（三四〇一）九一一一（代表）
〇三（三四〇一）九一一四（編集）
FAX 〇三（三四〇一）九一一八（編集）
〇三（三四〇一）九一三九（営業）
振替＝〇〇一四〇‐四‐五五五一九
印刷・製本——凸版印刷
装幀——清水良洋（Malpu Design）
●日本教文社のホームページ https://www.kyobunsha.co.jp/

BLUEPRINT FOR IMMORTALITY
By Harold Saxton Burr

ISBN978-4-531-08154-7 Printed in Japan

株式会社 日本教文社　〒107-8674　東京都港区赤坂9-6-44　電話03-3401-9111（代表）
日本教文社のホームページ　https://www.kyobunsha.co.jp/
宗教法人「生長の家」　〒409-1501　山梨県北杜市大泉町西井出8240番地2103　電話0551-45-7777（代表）
生長の家のホームページ　http://www.jp.seicho-no-ie.org/
各定価（10%税込）は令和4年11月1日現在のものです。品切れの際はご容赦ください。